隔断活用设计500

台湾设计师不传的
私房秘技

台湾麦浩斯《漂亮家居》编辑部 编

 海峡出版发行集团 | 福建科学技术出版社
THE STRAITS PUBLISHING & DISTRIBUTING GROUP | FUJIAN SCIENCE & TECHNOLOGY PUBLISHING HOUSE

目　录

创意区隔空间　打造居家更多可能

提到隔断，一般人常常以为只有门、墙及柜体能用来区隔
空间，其实很多素材如色彩、家具、帘幕及天花板与地
板等，都可以拿来活用，本书搜集了500张隔断设计的图
片，满足读者对于隔断设计的所有期待。

责任编辑　庄雅雯

索　引

门片 / 墙面 **001–183**

常用于区隔空间的门片与墙面，大有文章可做，
门片或墙面的造型，让空间的隔断更精彩。

001_ **独立式隔墙提升动线灵活性**。黑色隔断墙搭配线条简洁的收纳架，成为浅色空间中的视觉焦点。独立式隔墙区隔客厅和卧室，创造出360°环绕式动线，不仅让生活更加便利，也能拉大景深。隔断墙内暗藏两扇活动门，只要拉上门就可拥有隐私空间。
图片提供 © a space_design

002_ **客厅主墙的自然变化**。客厅的主墙以厚重、粗糙的薄石板装饰，让空间呈现出原始的自然质感。电视主墙两旁的木质墙与木地板用横向的木板拼接而成，木质墙实是隐藏式门片，其后有两个空间。
图片提供 © 近境制作

003_ **内外呼应的隔墙设计**。为了增加空间的穿透感，设计师以局部配置变更，让卫浴与主卧之间增加更多互动的可能。壁面采用水泥粉光处理，辅以木作平台，台上安置洗面盆。
图片提供 © 明楼联合设计

004_ 让门与墙融为一体的立体饰面。 在一般的隔断墙上，设计师刻意贴饰垂直的实木条，创造立体的空间层次与温馨的居家氛围。包括门片的设计，都采用相同的素材，透过巧妙的安排，消弭隔墙与门的界线，让长墙得以延伸至尽头，而空间的尺度仿佛也因此而放大。
图片提供 © 大雄设计

005_ 统一门墙线板设计让空间延伸。 为营造新古典风格，从二进式玄关开始，简洁的线板从穿衣柜延伸至墙面，甚至客厅的门均采用同一设计。右边利用金色雕花镜面设计穿衣镜，同时也有反射空间之效。线板天花板上以一盏水晶灯，为空间带来新潮气息。
图片提供 © 山形设计

006_ 木板不靠墙，营造空间穿透感。 后方大梁下木板从上而下局部隔断，如需较隐密的空间，可将布帘拉上。电视墙面未经批土，直接刷上白漆；近墙角一侧的木板未靠背墙，营造出光影和前后景，让空间更有穿透感。整个空间有的上漆、有的不上漆，象征"有开始，没有结束"。
图片提供 © ISIT 室内设计

004		006
	005	

007	008
	009

007_ 用空间诉说生活的故事。以梧桐木打造出玄关柜与餐柜，搭配清水模的低彩度，让空间整体显得朴实而稳重。极具穿透性的木框玻璃门界定厨房与餐厅区，让视线不受阻碍。画面左上方的白色方形壁灯以及餐厅吊灯，营造温暖的氛围，仿佛在诉说生活的故事。
图片提供 © PartiDesign Studio 帕蒂设计工作室

008_ 墙内隐藏超强收纳量的更衣间。主卧入口旁深达 125cm 的畸零空间化为小更衣间，左侧放首饰件与穿过的衣服，右侧则收纳四季衣物与大行李箱。由于尽量保留原始天花的高度，再加上铁框镶夹纱玻璃的拉门能延伸视线，因此成功消弭空间的窄迫感。
图片提供 © 品桢室内空间设计

009_ 滑动拉门区隔两张睡床。主卧的两双人床之间，以附有百叶帘的透明玻璃、木作拉门区隔。两床，一朝南，一朝西，正好是两位主人的所好。右方的开口，通往主卧卫浴。设计了间接照明的天花板，从卫浴延伸到主卧，串联起被实墙阻隔的两个空间。
图片提供 © 近境制作

台湾设计师不传的私房秘技

隔断活用设计 500

010	

	011
012	

010_ 推拉门设计呈现虚实情景。设计师为化解卫浴空间狭长的格局，借由洗手台的配置、透明玻璃隔断，让空间的界线得以消除。推拉门不仅仅是浴室入口，同时也可遮掩透明玻璃隔断，虚实变化让空间更加丰富。
图片提供 © 玉马门创意设计

011_ 双开口的隔断墙让动线顺畅。在主卧与浴室之间的隔断墙两侧，设计了方便出入的对称开口。无阻碍的环状动线，使屋主能自由在两个空间中穿梭走动，无论是从床的哪一边下来，都可以直线进入浴室如厕、盥洗，再也不用绕路。只要拉上拉门，就能变成私密空间。
图片提供 © 王俊宏室内设计事务所

012_ 对开拉门实现 房中有房"。在进入卧房之前，首先进入类似起居间的多功能空间。右方墙面白色门结合整面墙式收纳柜，柜后为走道。藏在房间内的房间（卧房），则以对开式拉门相隔。门片以浅色木板横向拼接，并以不锈钢压边，呼应公共空间材质。
图片提供 © 近境制作

013_ **挑高水泥板电视主墙遮饰楼梯结构。**客厅挑高的水泥板电视主墙,既为视觉焦点,又兼作遮蔽后方楼梯的隔断墙。它以纯粹的水泥板元素强调北欧风格,同时保留原始的挑高采光面,为室内引入大量自然光线,呼应北欧风格的自然氛围。
图片提供 © 权释国际设计

014_ **旋转电视墙界定主卧与起居间。**位于二楼的主卧,设计师充分发挥斜屋顶式建筑特色,运用线条将早期欧陆移民的美式古典风情融入空间。可180°旋转的电视墙设计,让电视可双向使用,并界定睡眠与起居空间。
图片提供 © 成舍室内设计

015_ **洞石、金属板、格栅,构筑虚实。**以类似格栅的元素,在一楼玄关通道动线之间,设计两道对称的深色短墙。通道的开口与深色短墙交织出虚虚实实的情景。墙底下嵌入的发光二极管灯,仿佛是黑夜里的小星星。与视线平行的远处,为洞石与镀钛金属板打造的电视主墙,呈现出独特的质感。
图片提供 © 尚艺室内设计

016_ **为卧房增添起居功能的隔墙。**在宽敞的卧房内,为了增加起居室的功能,设计师刻意在中间设计一道墙,却又保留双边的走道,让两旁仍具穿透感,空间维持既有的宽敞与舒适。内嵌式电视,具有可旋转的设计,可随着屋主的需求,在卧房区或起居区使用。
图片提供 © 长禾设计

| 013 | | 015 | |
| 014 | | | 016 |

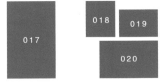

017_利用推拉门省去走道空间。电视墙结合两侧推拉门隔断，省去走道空间。当推拉门全开，收纳到电视墙后，三个空间是连通的；当推拉门拉上，即可达到区隔效果，保有隐密性。推拉门采用银色带金葱的烤漆玻璃搭配黑色铁件框，营造沉稳而时尚的氛围。黄洞石电视墙为内嵌式设计，下方可置放影碟机。
图片提供 © 牧思室内设计

018_运用木地板不同的铺设方向区隔空间。电视墙前方是客厅，后方左边是书房，右边是客房，3个空间选用相同材质、色泽的木地板，但铺设方向不同，或横向或纵向，借木质天然纹理巧妙区隔不同区块，产生不同意境。电视墙结合两侧推拉门，并利用包梁产生天花板高低落差，以区隔不同空间。
图片提供 © 玳思室内设计

019_左右对称的门片设计。主卧电视柜采用柚木集层材贴饰。右侧是书房，左侧是更衣室，以染色松木木作推拉门区隔。两门片的宽度，以可同时展开为前提。
图片提供 © 玳尔室内设计

020_隔断上图案呼应使用者生活背景。宽敞的主卧空间中，于床尾中段规划一道隔断墙，且不顶到天花板，区隔出更衣室与书房，让左右动线顺畅，视线穿透；隔断为染深蓝色松木，为配合屋主地理系教授的背景，于立面刻画太阳系行星图案，层次分明且极具个性。
图片提供 © 木耳生活艺术室内空间设计

左侧竖排文字：

台湾设计师不传的私房秘技 ｜ 隔断活用设计 500

021_**旧门片为空间增添怀旧感**。餐厅旁的客用卫浴采用充满怀旧感的旧门片，并保有切割的立体感与优雅的比例线条，让整个空间具独特的情调，自在而洒脱。
图片提供 © 明楼联合设计

022_**廊道墙面和天花板形成层次感**。在不动隔断的情况下，改变原有建筑结构，于廊道右侧墙面挖空以放置装饰品，廊道天花板则划出一道长沟，形成分明的层次，在走这条廊道时，才不会显得冗长，同时通过灯光投射，更显得赏心悦目。白墙和天花板搭配梧桐木门片，增添温润的质感。
图片提供 © ISIT 室内设计

023_**多变门片增加弹性空间**。平日开放的书房与起居室，借用折叠拉门使之变为独立空间，而画面左侧的木门则可变化作为孩子游戏间及起居室的门片，设计师活用弹性隔断，给予四通八达的空间动线更多变化趣味，同时也让正在成长的孩子有更多自己的空间。
图片提供 © 玛黑设计

024_ **复古门片装出新风味。** 书房旁进入主卧的通道用复古门片，并以染色木作门框相搭，两侧壁面为整面绿色黑板，并新旧搭配勾勒出复古情怀。

图片提供 ⓒ 明楼联合设计

025_ **墙面的质感变化。** 纹理清晰的木皮，贴饰卧房背墙成为视觉焦点，亦为通往另一个空间的隐形门片。在自然采光绝佳的卧房里，白墙数条直向宽带作凹凸变化，为白墙增添光影变化，并与木纹隐形门，共同构成完整的墙面视觉感。

图片提供 ⓒ 近境制作

026_ **隐藏走道的长墙。** 开放空间的长墙，采用与木地板相同的木纹木皮贴饰，无形中拉宽了空间。间或安排尺度大小不一的黑色展示柜，营造视觉的变化。这道墙也是通往私密空间走道的门。

图片提供 ⓒ 近境制作

027_ **打造入口玻璃艺廊**。以斜坡将动线由户外导引至玄关，室外廊道用玻璃隔断，钢线丝网可挂钩东西，使之成为展示作品的艺廊，而大门则是以回收木料打造。此外，和室的屏风以樟木木片拼贴而成，成为廊道尽头的视觉焦点。
图片提供 © 尤哒唯建筑师事务所

028_ **深色曼特宁木皮展演静谧休憩感**。主卧床头收纳柜以曼特宁木皮贴饰，收纳柜门片以皮革突显层次，左侧通往更衣室的拉门同样采用曼特宁木皮贴饰，深色材质展演静谧的休憩氛围，而经典名牌的吊灯、单椅，更衬托出风格。
图片提供 © 权释国际设计

029_ **推拉门改变进出空间的体验**。通往主卧卫浴的门片拆除，改以紫檀木木皮贴饰的推拉门，同时也省去胶合玻璃门片，借此达到扩大卫浴空间的效果。介于主卧与卫浴的衣柜，选用北美银橡木制作。
图片提供 © 德力设计

030_ **去除隔断，让空间开阔**。由于原始格局具有大面对外窗，为了延伸视线及扩大空间感，拆除部分隔断墙，并利用玻璃界面（客厅与书房隔断墙）让空间延伸。而材料上尽量减少装饰元素，门片与玄关通廊的天花板皆以风化梧桐木打造，呼应户外自然景色。
图片提供 © 成舍室内设计

031 | 032 | 033

031_ **轻盈的开放式平台**。将空间开放，以和室概念设计，并利用双向推拉门隐性区隔空间。当有亲友聚会时能成为开放式平台，而平台一部分成为沙发座，成功整合客厅空间。利用平台下方间接灯光，营造轻盈的视觉效果。
图片提供 © 无有建筑设计

032_ **滑轨式折叠门化解走道过长**。客厅通往内部场域的走道太长，因此配置一滑轨式折叠门，每个门片都分为 3 段，每段皆可各自转动，可按需要打开或关闭，既让居家氛围更具完整感，又延伸了空间深度，颇具视觉效果。
图片提供 © 木耳生活艺术室内空间设计

033_ **应用玻璃材质实现设计主题**。会客厅摆放色彩鲜艳的塑料家具，符合儿童中心的主题，后方会议室采用弧形设计，考虑将来也能变身为小游戏室，格栅造型的门片采用玻璃材质，右方空间也用玻璃隔断，让家长在外等候时，可以清楚地看到小孩活动的情形。
图片提供 © 邑舍设纪室内设计

台湾设计师不传的私房秘技 — 隔断活用设计 500

034

035

036

034_安心育子的隔断设计。 新婚屋主计划将书房空间作为未来小孩房使用，因此书房与卧房之间利用旋转门片区隔，当门合起时可保持空间各自独立性，且任何一扇门都可打开进出，使动线保持流畅，方便父母夜间照看孩童。
图片提供 © 无有建筑设计

035_讲究材质打造迎宾区。 铁框玻璃推门，连接了车库入口玄关与迎宾大厅。此层空间规划为休闲娱乐之用，因此挑选建材时特别讲究质感。考虑整体色系搭配，地板以锈铜色砖铺出低调沉稳感，左侧壁面选择枫丹白露大理石装饰，进入右侧的视听室前，则以染灰橡木皮贴饰的墙面作为空间过渡。
图片提供 © 尚艺室内设计

036_双门组构的弹性空间。 客厅后方的儿童游戏室采用透明玻璃隔断，而面向厨房巧妙以推门加上折门作为隔断，平时可以全开使用，将光线引入空间内侧，而必要时拉上折门，以推门进出，成为完整的房间，方便空间弹性运用。
图片提供 © 成舍室内设计

037_ **合并空间突破面积小的限制。**在不足 50m² 的室内空间，为了避免窄迫感，而不设固定隔墙，仅用两道隐藏式灰色拉门作为弹性隔断。平时收拢门片，卧房与公共空间两区合并，形成活动场域，亲友来访时拉开门片，仍旧可顾及隐私。
图片提供 © INTERIOR INK 墨线设计

038_ **发挥大面落地窗优势。**位于观海大楼的高层居室，景致十分优美。为了发挥大面落地窗的优势，让泡汤、睡眠、工作或饮食都能眺望风景，利用架高木平台、可收纳的推拉门与透明玻璃隔断，让空间保持通透，也形成半户外的休憩空间。
图片提供 © 明代室内设计

039_ **木折板及隔屏界定佛堂。**带点非洲原始气息的正副客厅之间运用胡桃木矮柜区隔，以降低视觉阻隔感。右侧佛堂则运用 L 形深色木折板的半拱门造型，延续至地板，再以深色瓷砖界定区域，搭配立面磨砂玻璃隔屏与石墙隔断，围出安静的佛堂天地。
图片提供 © 玛黑设计

	041	042
040		
	043	

040_ **结合拉门的电视墙。**电视墙结合拉门设计，如有重要访客时可将空间区隔开来，也可将客厅化为完整的娱乐室，平时则可打开保持空间通透。电视墙为可旋转式设计，兼顾客厅、餐厅使用。
图片提供 © 力口建筑

041_ **欧式风格空间的质感。**灰绿色主卧墙面，饰以白色线板，打造成女主人所渴望的欧式风格，并提升空间的质感。百叶双开门后为更衣间、卫浴空间。门上方的黑色轨道可以架上直梯，方便利用上方的收纳、储物空间。
图片提供 © 游雅清设计工作室 / C&Y 联合设计

042_ **半开放的餐厅与厨房。**从书房看到的二合一的餐、厨空间。设计师以秋香木木皮贴饰推拉门的门框，辅以具透光性与隐密性的胶合玻璃，拉开推拉门则是一个开放的收纳柜，可充分利用每一寸空间。
图片提供 © 德力设计

043_ **把玄关隐藏起来。**利用电视墙将空间区隔出一小型储藏室并入玄关，方便回家时停放自行车、吊挂雨具等。而电视墙隐藏推拉门，当家人都在客厅空间活动时，可拉开拉门将玄关与储藏室隐藏，维持空间的清爽。
图片提供 © 邑舍设纪室内设计

044_ **通透式隔断向户外借光。**会议室空间面向户外，借由透明玻璃区隔空间，这样不仅能连接室内与户外空间，同时也让自然光线进入室内，打造出更通透明亮的空间。
图片提供 © 演拓空间室内设计

045_ **亦动亦静的弹性空间。**屋主希望有一处多功能空间，因此在书房内，订做连成一体的简易书桌和掀床，掀床兼具书桌座椅与客床功能；掀床收起便成了瑜珈室，当然这个空间主要用作书房。为维持空间弹性运用，采用半开放式的拉门作为隔断，以减少墙面与走道造成的浪费。
图片提供 © 十境创物空间设计

046_ **打造连续性的生活空间。**位于二楼的私人空间，打破卧房入口关闭的寻常模式，形成无墙的全开状态，创造出具有连续性的生活空间。而大幅白色拉门，如同会移动的墙，可依照需求随时调整并转换空间功能。
图片提供 © 台北基础设计中心

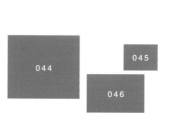

台湾设计师不传的私房秘技　隔断活用设计500

047_ 整合楼梯动线的门片。利用折拉门灵活区隔客厅和餐厅，鞋柜门片往侧边延伸，具有一体感，不用时也可收于侧面隐藏起来。门片最后一片配合楼梯形状设计，可卡在第二级台阶上，亦可充当扶手。当有重要访客时，家人也可自楼梯侧边出入。
图片提供 ⓒ 邑舍设纪室内设计

048_ 好设计让亲子交流无隔阂。长形开放厨房有极佳的采光，若用传统实墙作隔断，则会影响内部光线。设计师特别在梁下区域，打造一道不影响采光的半高墙，并搭配雾面玻璃拉门，彻底阻隔油烟进入餐厅。半高墙同时也是实用的吧台，当妈妈做菜时，小朋友可在这里做功课，增加亲子之间的交流。
图片提供 ⓒ PartiDesign Studio 帕蒂设计工作室

049_ 手绘拉门区隔卧房与和室。卧房与和室之间，装设一扇活动拉门，拉开面向卧房的一面以手工绘制黑白花卉图案作为装饰，增添空间的艺术气息，拉开面向和室的一面，则贴上壁纸。轻巧的大片活动拉门，既是串联两个房间的门，也成为别具特色的墙。
图片提供 ⓒ 大衼国际设计事务所

050_ 冲突的材料对比呈现历史感。建筑物应该与环境对话，室内空间亦同。此老屋位于的老社区，有着百年历史的日式平房。室内以水泥砌红砖墙面，让空间融入老社区的氛围与自然野趣。黑色拉门将时间拉回现代，木作架高平台的日式风格体现出时代烙印，仿佛与历史对话。
图片提供 ⓒ 二水设计

047

048

049

050

051

052

053

051_ **格局缺点转换为空间特色。** 空间最初格局并非方正，休憩区与吧台区的玻璃隔断特别设计为折角，而多功能吧台整合餐桌、洗涤槽与电磁炉，造型上呼应隔断墙，将格局缺点转化为特色。
图片提供 © 成舍室内设计

052_ **玻璃、铁件与风琴帘的弹性区隔。** 为了引进自然光线、保留空间穿透感，设计师在客厅和主卧之间，不用传统的实体隔断墙，改以落地玻璃与铁件区隔空间，再搭配可以上下调整的风琴帘，在需要保有隐私的睡眠时间，可以将风琴帘放下。平常的时候，又可以让卧房与客厅之间有频繁的互动。
图片提供 © 长禾设计

053_ **白皙透亮的隔断手法。** 设计师选用木作造型电视柜包覆视听设备配线。为保留开放空间的宽阔度，同时兼顾空调效能，电视柜上半段采用钢化透明玻璃，并用同材质门片，区隔了客厅与书房空间。
图片提供 © 形构设计

054

055

056

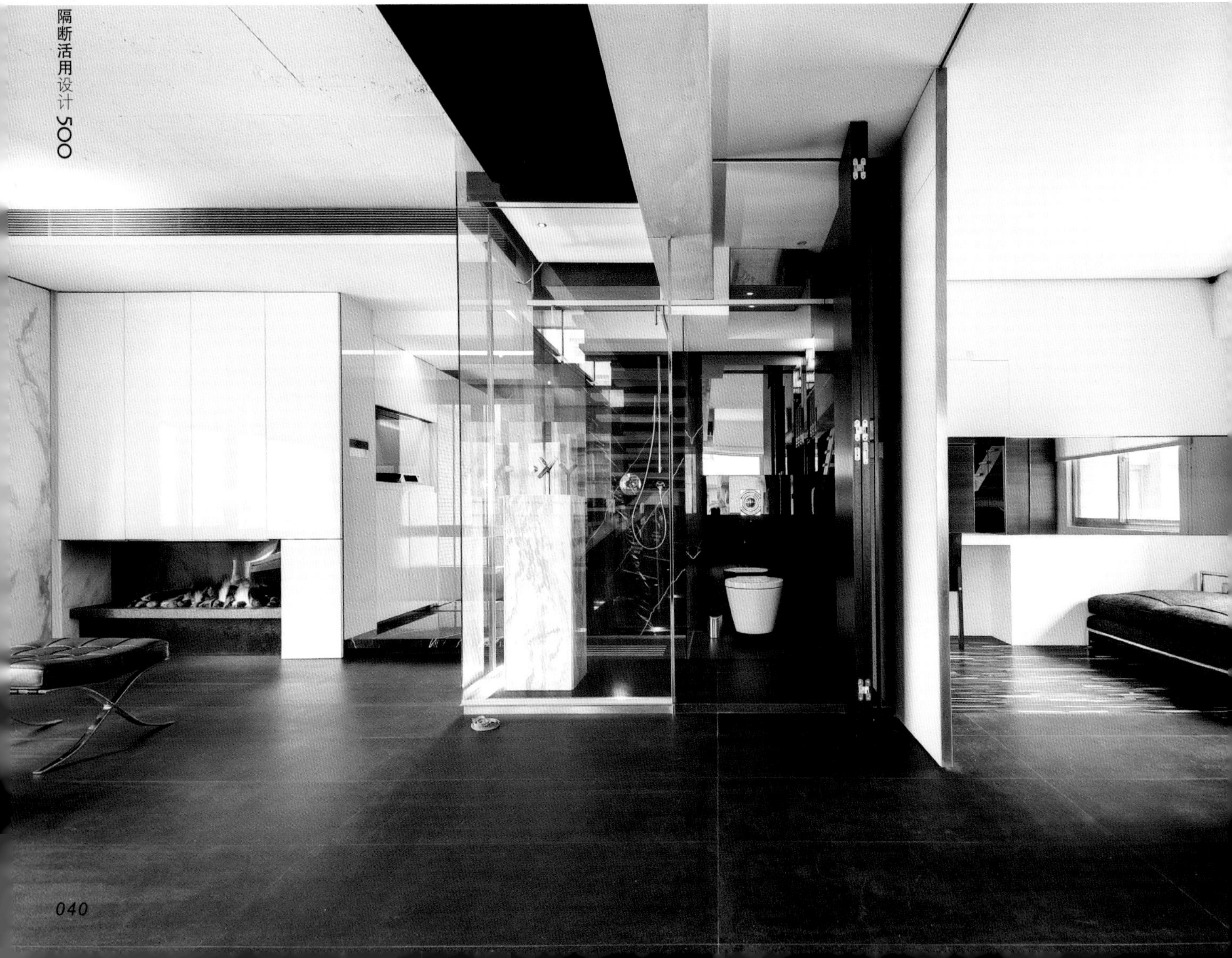

054_ **等离子玻璃表演科技魔术秀**。靠近玄关的入口设计成壁炉造型壁面，并且隐藏了收纳柜与空调。开放格局里，大面积拉门与玻璃作为隔断，其中客浴的隔断以等离子玻璃为材质，通过调光能产生透明与不透明的效果。高科技功能被隐藏在空间细节之处，借着隔断立面表演魔术秀。
图片提供 © 台北基础设计中心

055_ **通透材质首推玻璃**。设计师运用钢材辅以8mm厚胶合玻璃取代栅栏，穿透感极佳的玻璃材质，让整个空间维持高度的穿透感与轻盈感。
图片提供 © 形构设计

056_ **玻璃推拉门隔断让小空间多用途**。前面是中岛式厨房，后面是书房，厨房的中岛延伸为书房的书桌。在厨房和书房间有玻璃推拉门作隔断，把玻璃门关上，后方就是独立的书房，玻璃门打开，可隐藏到大理石墙里。书桌旁墙面的镜柜，可放置电脑和传真机等办公用品。玻璃门可加装卷帘，以增加私密性。
图片提供 © 金湛设计

057_**活动拉门展现空间层次**。在 60 多 m² 的有限面积里，为了能同时容纳客厅、餐厅、书房、卧房、厨房、浴厕、洗衣房与工作台等功能空间，在设计时特别重视穿透性。去除不必要的实体墙，以大面移动门作为活动隔断，门片的梧桐木框的质朴特性，搭配镜面门片反射，让空间更有层次。
图片提供 © 台北基础设计中心

058_**烤漆玻璃与暗门设计**。从客厅望向餐厅，后面的黑色烤漆玻璃贴着树状图案贴纸。整面墙设有暗门，右侧是厨房，左侧是次卧。因采用烤漆玻璃，可避免非必要的光线干扰。
图片提供 © 明楼联合设计

059_**赋予空间奢华时尚的精神**。黑白对比的色彩，赋予空间单纯时尚的精神，运用玻璃、镜面、石材，创造奢华却不过分张扬的现代风格。玻璃的穿透与镜面的反射，无形中放大、延伸了空间尺度。略带光泽的沙发材质，在间接灯光与主灯灯光下，突显质感之美。
图片提供 © 传十室内设计

台湾设计师不传的私房秘技

隔断活用设计500

060_ 毫无视线障碍的折门设计。 设计师在书房与客厅之间，采用穿透性极高的铝合金框架，辅以钢化玻璃折门区隔，八扇折门可全数收起时，创造全然开阔的空间感。
图片提供 © 明楼联合设计

061_ 玻璃夹中空板隔屏营造迷蒙感。 左侧隔屏不是单纯的玻璃，而是特别于两片玻璃缝隙夹中空板，产生了隐约穿透的朦胧美。原本餐厨空间较浅，将隔屏右侧的结构柱运用大片镜面包覆，镜面的反射放大了空间。
图片提供 © 宇艺空间设计

062_ 隔屏横向间隔释放压力。 30 多 m² 的小住宅常因墙面切割让空间更显狭小，导致视觉压力增大，但若采用大开放格局又失去空间层次感，遇朋友来访时因无隐私而尴尬。为此，设计师利用可推拉磨砂玻璃墙区隔公私领域，玻璃墙中间横向间隔让视线穿透，整个空间感觉轻盈无压。
图片提供 © 博森设计

063_ 全开放的宽敞空间。 由于是度假用住宅，格局不受限制，加上想要饱览湖海的美景，因此卧房隔断采用全活动式，可完全收纳至侧墙内，甚至连床铺也可上掀收入墙内，只剩下壁柜，让公共空间无比宽敞。另外，折门可打开角度可变化，以调节室内光线。
图片提供 © 博森设计

065

064

066

064_ **简约线条展现虚实空间魅力。** 因应格局重新调整，一楼书房及电视墙位置顺势提高，而地板也成为界定空间的元素。设计师运用深色大理石装饰主墙，搭配透明玻璃与不锈钢边框，共构出具有虚实层次的隔断墙面，呈现自然时尚的风格。
图片提供 © 近境制作

065_ **是隔断，也是背景墙。** 利用实体的隔墙，以及色彩，让餐厅与书房有了明显界定，同时也成就了餐桌区的背景墙，让空间有了遮蔽感，让用餐气氛更为安静祥和，更避免客人直驱而入的突兀感。另一方面，玻璃隔断与书房穿插的设计，可避免餐厅与书房的封闭感。
图片提供 © 孙立和建筑及设计事务所

066_ **以列柱装饰空间并作为隔断。** 在客厅的开放空间中，设计了一整排列柱区隔空间，搭配悬吊式铁件以及玻璃隔屏，其上面可随意摆放屋主珍藏的摆饰。如此颠覆传统隔断的设计，仿佛装置艺术般随兴而充满创意。
图片提供 © 长禾设计

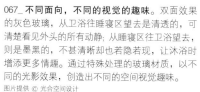

067_ **不同面向，不同的视觉的趣味。** 双面效果的灰色玻璃，从卫浴往睡寝区望去是清透的，可清楚看见外头的所有动静；从睡寝区往卫浴望去，则是墨黑的，不甚清晰却也若隐若现，让沐浴时增添更多情趣。通过特殊处理的玻璃材质，以不同的光影效果，创造出不同的空间视觉趣味。
图片提供 © 光合空间设计

068_ **镜面"盒子"借景拓影。** 餐厅旁有如玻璃镜面盒子的空间为儿童卧房，通过立面贴覆灰色镜，削弱了空间原有的量体感，并借由镜面的反射，形成虚幻空间。木色立面与壁灯，平衡镜面的冷调。铁件搭配灰色夹纱玻璃，则构成通往厨房的隔断门片。
图片提供 © 尚艺室内设计

069_ **透明玻璃与光影美化玄关走道。** 入门玄关走道右侧为餐厅与厨房，以透明玻璃作为隔屏，局部镜面搭配浅色大理石地板与间接灯光，既区隔空间，又不会过分压缩玄关走道，同时也让餐厨空间的精品设备，成为走道的风景。
图片提供 © 宇艺空间设计

070_ **穿透式设计拓展视觉领域。** 在小孩房的设计上，设计师考虑到宽广度的呈现以及尽量让光线亲和度提升，因此借由透明玻璃隔断，配合大面积的玻璃拉门，区隔游戏区与睡眠区、收纳区。光线与视线的穿透，放大了空间感。
图片提供 © 玉马门创意设计

071

072

073

071_ **利用玻璃材质减轻沉重感**。房屋为两户打通合并，属于复合式半层建筑住宅，空间有高度交错的状况，将总高 4m 的夹层区切割为上下各 1.9m 的高度，规划出 4 房 1 厅 2 卫的空间格局，房间与房间借玻璃的通透属性引导视觉穿透，减轻空间的沉重感。

图片提供 © 成舍室内设计

072_ **让阳台成为住宅呼吸的窗口**。保留了老公寓的大阳台，并将室内的隔断墙全部打通，改以玻璃门，或全开式折叠门，让阳台可由客厅与书房自由进出，加上无门槛阻隔，消除了空间隔阂，无论在视觉上或实际上，均可让大自然轻松入室。

图片提供 © 玛黑设计

073_ **打造高楼的半户外空间**。由于屋主热爱户外自行车运动，希望能将空间带入休闲轻松的氛围，于是阳台铺上南方松木地板，除放置自行车外，也衔接客厅和和室。和室采用落地玻璃门，形成半户外休憩区，并使动线自由迂回衔接。

图片提供 © 无有建筑设计

074	075	076
	077	

074_ 不锈钢、透明玻璃隔断呈现代古典风。
用色淡雅的客厅旁为书房，并以透明玻璃材质搭配不锈钢作为隔断墙，以视觉穿透的手法演绎古典的宽敞气势。白色美式造型书柜，成为空间端景，隔断的不锈钢材质，则为古典风格注入低调现代元素。
图片提供 © 权释国际设计

075_ 茶色玻璃与镜面打造的书房拉门。书房的拉门成为与餐厅空间的隔屏，拉门采用茶色玻璃与茶色镜面材质，通过玻璃两区视线可相互延伸，又可保持各自独立。面向餐厅的茶色镜，镶嵌液晶电视，面向书房的茶色镜面，则为吸附磁性小件的立面。
图片提供 © 宇艺空间设计

076_ "犹抱琵琶半遮面"的美感氛围。为了降低水泥隔断带来的封闭感，隔墙下降30cm，搭配透明玻璃，让光线在空间中流动。从楼梯下方玻璃扶手过来的室内光线，有效削弱了实墙的厚重感，让楼梯沐浴在半隐半透的氛围中，成为转换视野与心情的空间。
图片提供 © 竹工凡木设计研究室

077_ 隔断，一扇门就够了。为了养成小孩独立的习惯，父母在小孩房的设计上，刻意让小孩拥有完整的区域，用了大面积的玻璃拉门作为主要隔断，空间的封闭与开放，借由门片的推移而更具灵活性。
图片提供 © 玉马门创意设计

078_ 弧形设计让走道更宽敞。工作区域借由不锈钢以及透明玻璃界定，同时也达到空间区隔的目的。此处设计师刻意采用圆弧造型，让走道空间更显宽敞，而可穿透的视觉效果，也间接带来放大空间的效果。
图片提供 © 演拓空间室内设计

079_ **打造光切效果的清透更衣空间。**主卧地板、壁面大量使用温暖的柚木集层材铺陈，隔断采用双面玻璃，打造出透亮的更衣空间，营造视觉上的宽阔清新感，让两个空间既独立又连接。中段为电视矮墙，更衣室壁面则使用灰色镜面，无形之中让空间再次拓展延伸。
图片提供 © 光合空间设计

080_ **原木收边降低玻璃材质冰冷感。**在乡村风居家中，除了用色彩来统一风格之外，适时运用一些玻璃，反而能带来明亮温馨感。借由玻璃可穿透的特性，让客厅与餐区保持连接，也使格局动线更明确。玻璃因有原木收边，故能降低其冰冷的印象。
图片提供 © 摩登雅舍室内装修设计

081_ **隐形而具功能性的墙隔断。**应用透明玻璃隔断已不稀奇，但在放大空间之余又能兼具功能与视觉美感就不简单。在主卧空间中，设计师以透明玻璃区隔睡眠区和浴室，另借由结合电视墙的隔断设计手法，使之不仅有区隔功能，也创造视觉上的效果。
图片提供 © 玉马门创意设计

082　083　084

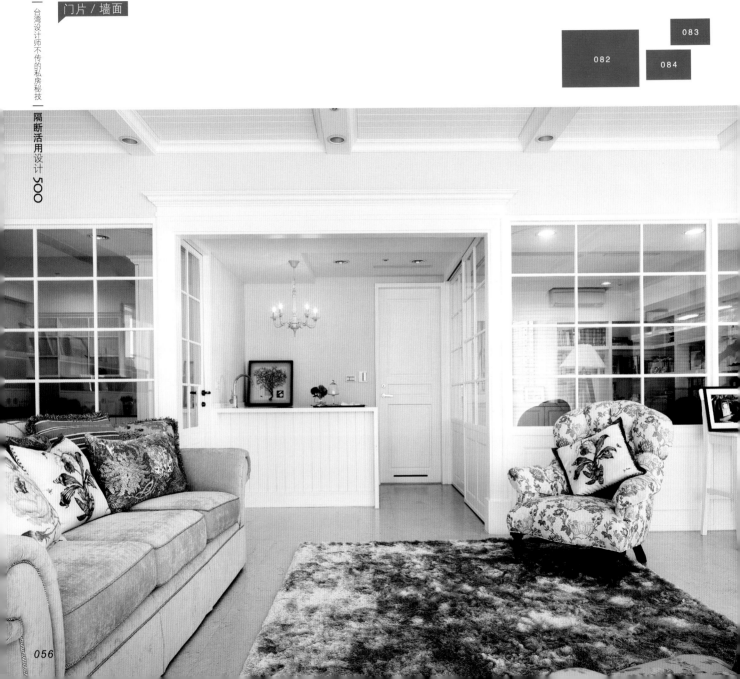

082_ **隔断也是风景的一部分。**客厅右侧是书房，左侧是儿童房，分别以对称木作加透明玻璃隔断区隔，中间配有小吧台，提供轻食的小空间。设计师以白色喷漆木作搭配粉色系壁面，家具则以桃红色系为主，天花板采用自然光为主要光源，营造温暖的氛围。
图片提供 © 尚展空间设计

083_ **用美式格子门区隔内外。**小孩房采用美式乡村风设计，墙面贴覆木板，并且增设线板式的踢脚板，床组选用相同风格的设计元素。最特别的是在户外的铝合金门之内，增设一个白色玻璃格子门，不仅与美式乡村风的空间吻合，也兼具安全考虑，让空间有内外之分。
图片提供 © 长禾设计

084_ **框格门与石柱打造新古典风情。**画室虽然与客厅区隔开来，但因雾面玻璃隔断与透明玻璃拉门皆可引入光线，因此没有封闭感。全开放式拉门让空间应用更具弹性，而拉门旁的装饰石柱其实是感应式的夜灯，搭配白色框格与线板，洋溢出高雅的新古典风情。
图片提供 © Fantasia 缤纷设计

085

086

087

085_ **美式风格的隔断墙**。屋主喜爱带点美式风味的空间。运用线板装饰的天花板为空间定调，客厅通往书房的墙面，设计一壁炉意象的装置，两旁以线板为框的格状门片，表达完整美式空间的风格。门片高度至天花板，让空间显得更为大气。

图片提供 © 近境制作

086_ **以半高黑墙作为隔断兼扶手**。利用一堵100cm 高、贴了壁纸的黑墙，来当作楼梯扶手和区域隔断。壁纸厚实细腻的触感，突显出黑墙精致度。黑墙半高设计，让站在楼梯的人能和客厅内的人保持互动，搭配天顶与屏风的镂空，让整个厅区仿佛置身镂空盒中。

图片提供 © Ai 建筑及室内设计

087_ **镜面局部磨砂图案设计**。为了不让一入此宅即见卫浴门片，设计师以类似暗门方式，整片泥作轻隔断配以明镜，镜面局部磨砂新古典图案，图案与壁灯相配搭，掌握壁灯高度与横向比例，营造出屋主一心向往的新古典居家风格。

图片提供 © 德力设计

088_ **平台开口强化餐厨连接。**屋主喜欢在家做美食，设计师特别将厨房从一字形扩大为∏形，让夫妇两人可以一起享受烹饪乐趣。此外，在厨房与冰箱的中间设一个平台，既可当送餐台又可让烹调者和餐厅中的家人聊天互动，而平台开口也让空间更具开放性。
图片提供 © 卖思空间好设计工作室

089_ **隔断成为餐厅与厨房间的互动界面。**玄关与餐厅的屏风延伸至餐厅与厨房之间，形成L形隔断，同时再串联餐柜及镜面的反射虚景，让用餐区被这具穿透感的白色画面所环绕，展现出清新而具设计感的空间感。
图片提供 © 陶玺空间设计事务所

090_ **木作格子门作为不同空间的区隔。**餐厅区位于通往女儿房、厨房、男孩房以及卫浴之间的动线上，利用相同设计元素的实木格子门，搭配可让光线穿透的玻璃，既可引进光线，同时也让餐厅变得明亮。加上具有修饰效果的弧形拱门设计，让空间有向外延伸的层次，不会因实体隔断墙而产生压迫感。
图片提供 © 采荷室内设计工作室

091

092

093

091_ **造型门窗隔断让书房成为风景。**客厅旁的书房舍弃封闭式设计，以窗棂与门片作为轻隔断，让书房内的摆设成为风景。刻意将门框与窗框的松木材质染成深蓝色，呼应客厅木地板的色系，并将其表面处理成复古的质感，别有一番风情。

图片提供 © 木耳生活艺术室内空间设计

092_ **现代版的窗花门区隔客厅与佛堂。**为了呼应屋主收藏的中国古典家具与摆饰，设计师以窗花的意象设计了一扇融合现代与古典的门片。门片上半部以现代的线条延续古典窗花的造型，下半部的门板则有复古感。利用这扇通透的拉门，作为佛堂与餐厅、客厅的隔断，既与空间调性融合，也保有良好的采光。

图片提供 © 大雄设计

093_ **推拉门灵活区隔公私领域。**架高地板的客厅与铺设榻榻米的和室位于同一高度，但用降板搭配软垫提升座位舒适度。推拉门刻意不做满，让墙面能有留白余韵。和室与阳台泡澡区衔接，故功能上兼具休憩与睡眠。利用拉门可让公私领域使用更具灵活弹性。

图片提供 © 吴远室内设计事务所

094

095

096

097

094_ **暗门让空间设计更清爽完整。**两扇隐藏于墙面的门，各自通往主卧卫浴与更衣室，暗门让空间设计更清爽。隔墙与门片皆采用浅白色，并且利用线板，做出轻古典风格的造型。更衣室的柜体与床头主墙呼应，都选用天蓝色。
图片提供 © PartiDesign Studio 帕蒂设计工作室

095_ **通透格栅兼顾空间感与安全性。**挑高的小面积居家通常将卧房休憩区规划在夹层，楼梯旁的挑空面设计一道格栅，维持卧房完整独立的空间感，也兼顾实际使用上的安全性。而格栅通透式设计减轻了夹层压迫感，搭配染深蓝色松木材质，衬托出精品般的小豪宅质感。
图片提供 © 木耳生活艺术室内空间设计

096_ **具安定人心的横式隔栅。**客厅与书房之间采用丽胡木木皮贴饰的隔栅区隔，并以抛光石英砖与指接柚木地板强化空间的转换。书房的书架以染黑桦木皮贴饰并采用错落的编排。
图片提供 © 德力设计

097_ **应用组合柜让空间更环保。**玄关正对餐厅主墙，墙面采用组合柜，减少油漆与黏着剂造成污染，结合壁钟装置，成为视觉焦点。而整体空间从客厅、餐厅到书房呈长形，书房不以实墙区隔，以几块直立的风化梧桐木板作为隔断，而且有延续空间的意味。
图片提供 © 尤哒唯建筑师事务所

台湾设计师不传的私房秘技 ｜ 隔断活用设计 500

098_ 对开百叶门与明镜区隔客厅与主卧。 挑高的夹层屋型，主要生活空间位于一楼，客厅、餐厅空间相互开放，客厅与主卧之间以对开百叶门与明镜墙为隔断。使用餐厅时大多数时间为坐着，因此将餐厅安排于夹层下方，挑高区保留给客厅。黑色直梯上方的夹层，仅用于储物。
图片提供 © 游雅清设计工作室 / C&Y联合设计

099_ 柚木条隔栅区分公私领域。 玄关一景，设计师运用黑铁烤漆柚木条隔栅区隔公私领域。地面以 60cm×120cm 大片瓷砖铺设。壁面则采用大片落地镜面以及仿清水模的火山岩装饰，创造难得的静谧意境。
图片提供 © 玳尔室内设计

100_ 同一材质包覆出墙面的安全感。 "茧居"是形容人们隐于家中，自绝于俗事之外的一种生活状态。运用同一种材质包覆整个墙面、地面，能够提供类似"茧居"的安全感。这个主卧墙面，加以适度的线条切割，有了一种视觉上的喘息感。
图片提供 © 近境制作

101_ 元素组合，遥相呼应。 客厅沙发后方的书房空间，中段及半腰处，增设突出的染黑橡木平台，作为展示或放置小物的台面。书房隔墙采用木片与透明玻璃搭配，与玄关的双面柜，在材质、配色上，皆遥相呼应。
图片提供 © PartiDesign Studio 帕蒂设计工作室

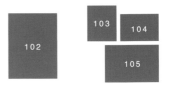

102_**产生独特光影效果的玄关门片设计。**玄关入口处门片，设计师以黑檀木皮贴饰门框，辅以灰紫色羊毛毡手工裁剪出花草图案，并固定在门上两片 5mm 厚的钢化玻璃之间，创造出迥异于以往的光影。
图片提供 © 德力设计

103_**冲孔铁板立面的运用。**冲孔铁板既是墙面也是拉门，希望拉门的沉重阻挡屋主的两只大狗径自开门上下楼。拉门打开时遮挡壁面的开放式收纳空间，成为墙的一部分，关上时则成为门。背后的灯光透过孔眼，为空间带来光影趣味。
图片提供 © 二水设计

104_**活用隔断创造游戏间。**为了让孩子在公共空间中有自己的秘密城堡，特别运用上掀式门片，搭配起居空间的推门，围出一方天地，孩子在里面玩耍时可打开上掀门，让身处客厅或餐厅的爸妈能看见孩子的一举一动，更增加安全性。
图片提供 © 玛黑设计

105_**宛如画框的屏风隔断。**餐厅的白墙背后为卧房，白墙也收入了通往卧房的隐藏门。这道宛如超大画框的屏风隔断，通过订制线板装入编织皮革，增添了空间的素材质感，与墙面适度地区别开来，其背后还藏着小起居间。
图片提供 © 近境制作

106	107
	108

106_ 推拉之间设计卧榻。利用落地玻璃门从和室可直接通往阳台，一方面创造第二动线，一方面也避免打断连续窗面；而作为客厅隔断的大片拉门收到底时，能挡住入口，维持良好的室内隐私。窗边设计榻榻米，使角落成为卧榻。
图片提供 © 无有建筑设计

107_ 活动式拉门让空间更开放。客房兼书房区域配置在客厅旁边的空间，为了让公共空间的区域更能延伸放大，除借由工作桌区隔客厅与阅读空间，客房借由活动式拉门与客厅区隔。可开放可封闭的设计，维持空间的宽敞，也提升使用的灵活性。
图片提供 © 青田苑室内设计

108_ 雅致隔墙化身餐厅装饰主墙。希望为餐厅引进和室光线，但又考虑和室变身客房时需有实体隔断，于是在隔断设计上特别以 3 片拉门来增加使用灵活性，再搭配具东方韵味的壁纸提升装饰性，在宴客时只要将门片关上，即可成为餐厅装饰墙。
图片提供 © 陶玺空间设计事务所

109_ 复古处理的镂空拉门呈现斑驳感。这是隔断，也是拉门。大小粗细不一的圆圈，是由木头经激光切割而成，再经复古处理，呈现出斑驳感。通过这扇镂空拉门，可看到后方的书房；而右边细致的黑色烤漆玻璃，又映出餐桌景象，呈现出虚实的对比。
图片提供 © ISIT 室内设计

110_ 化整为零的落地烤漆玻璃。入口壁面采用木丝水泥板，基于材料特性同时考虑膨胀，采用自然勾缝处理，表面施以透明保护漆。材料的原色，配搭黑色烤漆玻璃，塑造出个性鲜明的氛围。
图片提供 © 明楼联合设计

111_ 两片推拉门形成不同空间风情。设计师在玄关旁设计一个收纳柜，基于大型物件不同的尺寸考虑，一半采用上下柜处理，一半用开架层板处理。为了不让一入此宅即见客厅，设计师以深铁色喷漆辅以局部磨砂处理，制作了两片推拉门，推拉门开启、关闭之间，空间有了不同风情。
图片提供 © 德力设计

112_ **木作假梁增添厚实风味。**想营造质感粗犷的乡村风，却缺乏开阔空间的话，不妨象征性设计来强化想象。利用白色手抹墙、井字形复古砖及马赛克砖拼贴图案，即可创造出浓厚的乡村风情，在拱门上加木作假梁，更能突显氛围。
图片提供 © 摩登雅舍室内装修设计

113_ **穿梭在花草图案之间。**采用金属配方切割的花草图案，两面以5mm钢化玻璃固定于玄关屏风中。天花板则采用渐进式挑高设计，辅以线板修饰，再配搭优雅的吊灯，空间整体调性一气呵成。
图片提供 © 尚展空间设计

114_ **一花一世界，一景一天地。**此宅屋主对于隐私的需求略低，于是设计师在餐厅与书房间采用喷漆铁艺门片，作为两个空间的隔断，并成为端景。挑高的通透门片，让这个空间倍显大气，更让两个功能迥异的空间得以互相交流。
图片提供 © 相即设计

115_ **用木作墙重整 5 个入口的立面。**餐厅一旁就是 5 个入口各自通往厨房、公用卫浴、主卧、两间小孩房。设计师用白色木门片将入口收整于墙面中，让此区展现干净的空间感；并于墙面镶嵌长条茶色镜片，在构成线性装饰的同时，也放大了空间。

图片提供 © 品桢室内空间设计

116_ **拉门图案构筑用餐区端景。**餐厅空间左侧为厨房，壁面以咖啡色系壁纸贴饰并延伸至拉门，区隔、遮蔽厨房与吧台，让餐厅独立完整，并构筑用餐区的端景墙与视觉焦点。立面以染黑橡木的圆形图案展演层次感，也呼应玄关隔屏的设计主题。

图片提供 © 权释国际设计

117_ **处处皆端景的落地玻璃门片设计。**从客厅望向阳台。落地门片采用对称开闭方式，门打开时客房融入客厅。因客房使用率不高，设计师遂以钢化玻璃区隔两个空间，大部分时间这里是眺望远山，享受下午茶的所在。
图片提供 © 德力设计

118_ **饰有图案的墙面既是隔断也是端景。**餐厅一旁是厨房，以铁件与铁灰色喷漆制作的推拉门，阻隔厨房的油烟，必要时门片可收入隔墙内，空间呈全开状态。另一旁是通往二楼的楼梯，设计师以激光切割木板形成的图案装饰墙面，用以区隔楼梯。
图片提供 © 尚展空间设计

119
120
121

119_ **开放夹层的两用设计。**楼中楼上方空间平常开放为一间大书房，利用木质梁板、间接照明修饰贯穿空间的大梁。木作拉门拉上时，让屋主有独处安静的空间，门片中间采用玻璃，其半穿透效果让空间无封闭感。

图片提供 © 邑舍设纪室内设计

120_ **善用可活动门片的隔断。**全室以超耐磨地板铺设，分别以拱形门框以及对开门片区隔 3 个属性不同的空间，必要时门片可全开收入隔墙内，以开阔状态呼应挑高空间，塑造大气非凡的气度。

图片提供 © 尚展空间设计

121_ **墙的素材使用与收纳设计。**书房采用玻璃墙与透明玻璃折门与外界区隔。墙面采用百叶设计，与书房对外窗的木质百叶帘相呼应。书桌结合整面墙收纳设计，上方为门片，下方为开放式层板，提供多元收纳方式。

图片提供 © 近境制作

122_ 融为一体的多重通透隔断。 空间以客厅电视墙为中心铺排，而客厅刻意采用斜向配置，具有串接餐厅与书房的功能；客厅与书房采用玻璃拉门区隔，而书房与卧房则以旋转门区隔，门全部开启时，居室可融合为一个大空间。

图片提供 © 无有建筑设计

123_ 穿过 3 个空间的两道隔墙。 两道隔墙，区隔了左边的餐厅、中间的玄关和右边的客厅。左侧是木作镂空拉门，右侧是厚实的木作隔墙，其朝客厅面是电视墙，朝玄关面凹处可摆设装饰品，侧面层架可置放光盘。在虚实、粗细的对比中，营造穿透空间的层次感。

图片提供 © ISIT 室内设计

124_ 挑高空间的门片隔断设计。 挑高 3m 的客厅，黑铁烤漆门片让整体空间时而静谧时而开阔。利用挑高在天花板悬挂吊灯，饶富美式度假大宅风范，气势非凡。

图片提供 © 尚展空间设计

125_ **互动独立两相全的隔断**。为满足屋主在家工作，同时又能照料小孩的需求，在隔断上通过白色几何图案屏风与茶色玻璃的设计，巧妙地让工作间隐形化，但又不失其独立感，同时也让在家工作与看护小孩两兼顾。

图片提供 © 绝享设计

126_ **把收纳柜和浴室门全部藏起来**。在客厅旁的隔断墙，表面上看起来是一道简单的墙，其实是可收纳收藏品和其他生活物品的展示柜。不只如此，浴室的门片也巧妙和墙壁融为一体，这样不但提升空间的整体性，也不会因门片破坏了居家风格。

图片提供 © 王俊宏室内设计事务所

127_ 整面墙式拉门拉高空间高度。 与天花板同高的整面墙式拉门，有拉高天花板的视觉感。拉门以黑色门框嵌入灰色玻璃而成，同时，也呼应着地板材质的变化，从木地板这一端走向白色地砖餐厅，让空间的转换更为明显。

图片提供 © 近境制作

128_ 玻璃拉门隔断也能很漂亮。 餐厅隔断采用折门设计，门片上磨砂玻璃用激光刻上屋主的书法作品，让折门不仅仅具有实际的隔断作用，玻璃的透光以及门片的装饰性，丰富了隔断的视觉效果，并为空间增色。

图片提供 © 杰玛室内设计

129_ 落地门承接自然的光影。露台介于户外庭园与室内空间之间，虽属于室内，但被视为自然的延续地带：在夏日是尚未进入室内的阴凉区，而冬日则可当作阳光区。区隔内外的落地透明玻璃拉门，门上方的气窗设计宽木板百叶，引进户外光线，带来自然舒爽感。

图片提供 © 近境制作

130_ 水波纹玻璃门片兼顾遮饰与采光。将楼梯旁的区域规划成书房兼游戏室，由于一楼整个地面铺设黑檀木地板，因此用玻璃滑轨拉门将书房和游戏室与外界区隔，门片的水波纹玻璃具有遮饰的效果，但不影响光线的穿透。

图片提供 © 权释国际设计

131_ 折叠式拉门可延揽户外景色。板岩砖装点洗石子的地板，让主卧延续休闲风格，相当宽敞的大露台为休憩空间增添浓郁的自然放松气息。特别将露台门片改成可完全敞开的折叠式拉门，让户外景观完全延揽入室。

图片提供 © 权释国际设计

132_ 半穿透设计提升自由度。由于空间为狭长的格局，为避免隔断带来视觉上的压迫感，设计师在书房与餐厅、餐厅与厨房间利用了玻璃拉门以及柜体区隔空间，借由玻璃穿透性，让空间提高自由度，而铁件使用则带来简洁利落的调性。

图片提供 © 杰玛室内设计

	134
133	135

133_ **白色雕塑般的光墙。**这道内藏光源的白色光墙，对比空间另一端深色木质基调的墙面，它们以统一规格的木板横向拼接而成，而白色光墙，给人以现代雕塑般的视觉感，让空间呈现出丰富的层次。
图片提供 © 近境制作

134_ **双面电视墙隔断。**餐厅与客厅的隔断墙，同时也是客厅的电视主墙，利用旋轴可以让电视依照需要转向。此外，壁面上以激光切雕刻出花瓣形状，将空间装点得饶富趣味。
图片提供 © 力口建筑

135_ **遮掩浴室门片让空间更完美。**希望餐厅与私密领域能有缓冲，因此，在动线的安排上刻意增设一面白墙营造迂回的效果，如此一来，私密域仿佛多了内玄关的格局，同时也恰可遮掩墙后客用浴室的门片。餐厅则因白墙上增加展示洞设计，而让空间画面更具趣味性。
图片提供 © 戴鼎睿空间设计

136
137
138

136_ 隐藏开口让墙更纯净。区隔餐厅的主墙面以"离开地面"作为设计手法，将电视嵌入银狐石主墙面，黑白对比成为空间焦点。左侧墙面采用天然石材，不仅呈现自然生动的纹理，更隐藏两处通往私人空间的门，让墙面更纯净。

137_ 让空间延伸的设计。进入玄关，即见到客厅背墙的转角，其收尾采用雾面玻璃与原木材料，一来具有延伸空间作用，让视线不被遮挡，二来木料也呼应玄关廊道上方的饰材，墙面上两个圆孔极具趣味性。

138_ 凹凸装饰的天花板增添层次感。因格局非方正，故刻意把这道梧桐木墙设计为斜的，木墙往下的回旋楼梯，延伸到一楼客厅，往右玻璃门后方是主卧和书房。整个空间以白色和梧桐木色为基调，但因天花板的凹凸设计，多了层次感，又不显单调。

139_ **不顶天也不靠墙的隔墙。**这是在卧房中独立的一道隔墙，后方是开放式更衣室，前方是睡眠区。隔墙不做门也不靠墙，左右均可进出。隔墙不顶天的设计，让光线可从上方透过去。隔墙表面贴仿金箔壁纸，右边近转角处贴木皮，以延续后面衣柜的材质。在走道尽头不妨摆上一张椅子，暗喻空间过渡。
图片提供 © ISIT室内设计

140_ **夹层楼梯侧板变身装饰墙。**在不到 20m² 的挑高住宅内，因不希望为二楼夹层设计的楼梯单纯只有串联的功能，于是将原本楼梯扶手扩大成为面，并运用卡拉拉白石材包覆，使其转化成空间的装饰墙，也顺势遮蔽楼梯，同时在墙面规划书柜，让屋主上下楼梯时，可随时停下看书。
图片提供 © 戴鼎睿空间设计

141_ **让楼梯间变成展示墙。**楼梯间借由半高墙隐藏，墙体不做满的设计让空间更有层次。设计师采用跳跃的绿色调营造出视觉焦点——展示墙，并在立面上隐藏储藏室门片，顶部加上间接灯光，让梯间有了照明效果。
图片提供 © 成舍室内设计

142_ **地中海式的白砖墙。**左侧电视墙壁面贴上具丝绒感的灰底宝蓝图案壁纸，营造华丽乡村风。右侧床后方因外墙原有漏水问题，故用红砖重新砌一面墙，再刷白漆，呈现质朴自然的斑驳感，营造地中海风格。墙面以黄金分割比例，设置了数个凹洞，是为保留原墙面插座的设计。
图片提供 © 大湖森林室内设计

143_ 用色块与凹凸构成壁画。 利用甘蔗渣板与喷白漆的木板在隔断墙上设计出山峦造形。设计师还在白色的"山峦"往下挖出线条，借由灯光营造出山峦起伏的景象。造型墙搭配原木长桌与吊柜，配上简约的塑料单椅与长形灯槽，整个空间洋溢轻松又自然的北欧风。

图片提供 © 品桢室内空间设计

144_ 兼具造型端景与收纳的隔墙。 玄关走道与客厅之间规划一道隔墙，白色墙面与不及顶的设计，保留空间适度的呼吸与穿透。隔墙除了区隔场域，还形成视觉端景，下方斑马纹木贴皮内则为储物空间，以补鞋柜收纳的不足。

图片提供 © 木耳生活艺术室内空间设计

145_ "未完成设计"的水泥墙。 这是一家设计公司的会议室。简单的墙壁刷白，安上电视。右侧刻意砌了两道水泥粉光的窄墙，并保留一整间不铺砖的水泥地，呈现"未完成设计"的理念，提醒创作者在设计这条路上，要用"未完工"的态度，永远保留想象空间。

图片提供 © ISIT 室内设计

146_ 墙面脱开，设计阅读区。 打破传统隔断方式，一道清水混凝土墙贯穿整个空间，利用上下结构脱开的设计，让空间彼此相通；并在墙内设计既像房间又像过道的空间，成为卧房与卧房之间的阅读区，让家庭成员保持紧密的互动。

图片提供 © 枫川秀雅室内建筑研究室

143

145

144

146

093

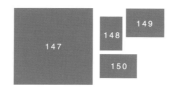

147_清水模模板提升了空间质感。设计师以二次利用的清水模模板，与建筑外墙使用的清水模模板搭配，呈现出不同的触感与光感，也提升了空间的层次与变化。绿色栏杆所连接的楼梯，成为空间视觉焦点。

图片提供 © 毛森江建筑工作室

148_用门墙拉出空间景深。右边是玄关隔墙，隔墙后面是主卧附设的更衣室，旁边进去是书房兼客房。用门墙的厚度拉出景深，使人在玄关入口处，看不到房间里头的情景，保有隐密感。玄关隔墙采用梧桐木，墙面采用斜切设计，凹处透出的灯光，营造简约而温馨的氛围。

图片提供 © ISIT 室内设计

149_床铺整合收纳柜、书柜设计。设计师以和室设计手法，利用地板高低落差区隔出客厅与卧房空间，同时也发挥大面开窗特点，让躺卧床上也能欣赏窗外风景。此外，床以下是收纳柜，侧边则为客厅的小书柜。整体空间采用大胆的青灰色，营造出都会时尚风情。

图片提供 © 甘纳空间设计

150_北欧森林风格的墙柜设计。电视墙和餐桌采用木皮贴饰，电视墙旁延伸出深浅宽窄不一的白色原木墙柜，餐桌旁的门片喷上白漆，门片邻墙贴上小花图案的珠光壁纸，营造出北欧森林在春天雪融后萌生枝桠的味道。整个空间交错使用白色的不同材质，因此不致显得平板无趣。

图片提供 © 大湖森林室内设计

151　152　153　154

151_ **黑色砖墙营造空间焦点**。为了消弭老公寓琐碎隔断造成的压迫感，客厅黑色砖墙延伸至餐厅，使厚重的墙面成为空间重心，而收尾处刻意以未完成的状态，呼应屋主对童年的回忆。
图片提供 © 成舍室内设计

152_ **格子门隔断的设计**。楼梯右侧空间因应功能考虑需有区隔，但除了封闭或开放外，可以有第三种选择吗？设计师采用实木格子门作隔屏，让空间在动线或视线上均得到兼顾，并保留些微采光与穿透感；另外，客厅与楼梯间的画墙，也利用玻璃代替实墙，增加通透感。
图片提供 © 孙立和建筑及设计事务所

153_ **用采光活化砖墙表情**。住家拥有顶楼阳台优势，但原先未将其打通，导致光线不足。设计师改动楼梯方位与窗户样式，成功通过垂直动线将光线导入室内。楼梯旁运用厚实的砖墙装点，偕同明亮的光线，营造出温暖又有个性的氛围。
图片提供 © 近境制作

154_ **门与墙深浅跳色的运用**。夹层空间的隔墙，采用白色喷漆与玻璃等不同素材，营造穿透与隐密的不同效果。楼下的客厅与厨房空间，则采用浅色的 L 形折板造型吧台界定。浅色木纹门片内，是另一个完整的卧房。错层设计和门与墙深浅跳色的交替运用，为整个空间增添趣味。
图片提供 © 大雄设计

155_ **留出的开口让空间更有变化。** 素净的白色空间中，设计师通过开口为空间带来趣味性变化。白色木作电视主墙上两个长形槽，用于安装视听设备；右侧漆白空心砖隔屏，刻意留有大小不一、高度错落的孔洞，让壁面表情更活泼。
图片提供 © 尚艺室内设计

156_ **相近色搭配出魅力。** 玄关与客厅的木作隔栅，采用胡桃木木皮贴饰，立面贴以玫瑰色大理石，一旁的大门包覆钛合金板，相近色的配搭，突显出材质各自的魅力。
图片提供 © 形构设计

157_ 木作隔栅让阳台和屋内增加互动。 左侧将一般用于古典建筑外观的铜锈色石,用于室内主墙装饰,呈现独树一帜的自然风。轻食区吧台延伸到后方,有一道通往工作阳台的木作隔栅。在阳台上洗衣服的人,可透过隔栅和屋内的人互动。轻食区后方的洗手台壁面,是木作造型墙。吧台右侧长凳,用风化桧木加铁架打造。
图片提供 © 金湛设计

158_ 多功能的折门设计。 站在餐厅往厨房方向望去,两道深色的格栅墙左右对称地形成半开放隔断。卡拉拉白大理石打造双面可用的备餐台兼吧台,其上方玻璃折门可开可关,热炒时可关上阻隔油烟,平时可打开,坐在吧台前与料理中的家人聊天。
图片提供 © 尚艺室内设计

159_ 让视线大幅延伸的设计。 为避免走道显得太过狭长，位于中央区块的书房空间，以通透式书架与活动拉门作为弹性隔断，大幅拓展视线角度，在行进中能向前、向左、向右远望，空间感因而放大，无传统封闭式隔墙的压迫感。
图片提供 © 水相设计

160_ 琉璃马赛克散发时尚气息。 整个客厅利用简约的黑、白、灰色调营造出都会时尚风格，而为了使空间更有聚焦感，在入门玄关的隔屏上以琉璃马赛克铺面，黑、白、灰的马赛克在灯光下展现出炫彩，让隔屏除了区隔内外空间外，也有强烈的装饰效果。
图片提供 © 博森设计

161_ 回字形动线如行云流水。 设计师在餐厅与客用卫浴之间设一道木作隔墙，形成回字形动线，并利用这片墙设计了书桌，借此布设电源线以安装壁灯。客用卫浴因光线不足，故采用玻璃砖隔断以引光入室。
图片提供 © 奇逸空间设计

162_ **深浅、冷暖色调的中和**。玄关与餐厅空间，利用清水模的灰与大面积白墙的亮，营造出深浅差异的美感。而地面以石英砖与染黑橡木地板暗喻空间的转换，也呈现出冷调与温调的冲突美。一深一浅、一冷一暖之间，借由梧桐木柱墙调和了。

图片提供 © PartiDesign Studio 帕蒂设计工作室

163_ **纵横线条相应丰富画面层次**。为让餐厨空间完整，厨房临小孩房的墙后移，使空间更开阔。灰色系的走道墙面左下角有一长方框，其横向线条与房门的垂直线条形成对比，让空间呈现出低调的简洁美感。

图片提供 © 禾筑国际设计

164_ **梧桐木元素一路延伸**。全开放的格局中，为了避免各个小区域将空间切割得太过零碎，在底墙与天花板运用梧桐木元素，并由前至后一路延伸，维持空间整体性的同时，也注入自然气息。底墙前方另一道造型白墙，将鞋柜、客厅柜与厨房屏风整合在一起。

图片提供 © PartiDesign Studio 帕蒂设计工作室

门片／墙面

设计师不传的私房秘笈 隔断活用设计 800

165

166

167

168

165_ **让墙面有漂浮感的设计。**从玄关进门后，原木色让人仿佛回到自然。以铁件、木盒打造的双面开口柜体，也是创意隔屏，营造渐进的空间层次。电视主墙上下留白，并加设间接光源，让墙面看起来有种漂浮的趣味。墙与柜的线条，在不同平面上平行延伸。
图片提供 © PartiDesign Studio 帕蒂设计工作室

166_ **白砖搭配梧桐木透出书卷味。**书房右侧壁面以复古红砖铺陈，营造怀旧感，左侧通往其他空间的隔墙，则以白砖搭配纹理清晰的梧桐木滑轨拉门，透出淡雅宜人的书卷味。顺着书房畸零角落规划开放式书架，好让室外光线进入室内。
图片提供 © 权释国际设计

167_ **朴实稳重的多功能隔墙。**设计师运用木材质，串联空间。转角的隔墙同时也是收纳柜，为延续客厅背墙元素，以风化梧桐木、柚木等木皮拼贴，营造不规则、不造作的自然美感。柜体门片不设五金把手，而是以内凹的槽开启，让柜体更为简洁。
图片提供 © PartiDesign Studio 帕蒂设计工作室

168_ **隐藏式门的设计让空间更完整。**电视墙借由文化石营造出丰富的纹路与自然质感。电视墙后方的畸零空间，借由隐藏式门的设计，既区隔客厅与储藏室，又维持空间的完整。
图片提供 © 玉马门创意设计

169_ 隔墙结合餐桌设计。隔墙一面安装电视，另一面供玄关使用。并借墙厚度增加电器等的收纳空间。和隔墙一体成形的餐桌可折叠，多人用餐时可变长使用，餐桌下方亦可作为收纳空间，在有限的空间范围内，创造多种功能。
图片提供 © 翎格设计

170_ 利用斜板设计隐藏梁柱。隐藏大梁的斜板天花板，营造宽阔的空间感。而烤漆装饰的电视墙从玄关至开窗处，也以斜墙设计，墙内隐藏立柱、视听设备柜，同时也与天花板相互呼应。地板采用汉白玉石材铺陈，让整体空间更加纯净自然。
图片提供 © 十分之一设计

171_ 对称手法体现新古典精神。客厅壁炉造型主墙，呈现出新古典气氛，在白色为基调的空间内，通过左右对称的柱型线板与壁灯，勾勒出新古典空间最重要的设计元素。由设计师绘制、再到现场订制的壁炉，通过简化手法让墙面更显优雅却不繁复。
图片提供 © 境美室内装修

172_ 用画作拓宽空间与艺术感。原格局卫浴门狭小，又正对着书房入口，于是购买画作，并包覆不锈钢画框后固定于木质拉门上，以增加空间大气感。画作不但成为书房的端景，也给居家注入人文气息。
图片提供 © Fantasia 缤纷设计

台湾设计师不传的私房秘技

隔断活用设计500

173_ 拱形框与松木板共创亲和印象。 利用干净的白色调统整空间风格，但通过重点式装饰增添自然风情，强化出质朴的特色。餐厅区利用松木板和红砖墙营造温暖氛围，并通过略带拱形框呼应墙面线条，使空间更加亲和舒适。
图片提供 © 摩登雅舍室内装修设计

174_ 造型墙与横梁界定客厅区域。 客厅的造型墙，用弧形线条与砖格形成视觉焦点，并与天花板上的横梁界定出客厅区域。造型墙亦与曲线造型的阶梯共同成为开放式书房的边界。白色线板门片书柜不光是收纳空间，也为开放式空间带来整齐的韵律感。
图片提供 © 摩登雅舍室内装修设计

175_ 清水模展示墙层次分明。 清水模用钢刷处理，表面呈现深刻纹理的原始质感，呼应下方梧桐木柜体材质与窗外绿色景观。铁件层板以特殊结构支撑，间接灯光从上方洒落而下，让清水模表面的线条层次更为鲜明。
图片提供 © 宇艺空间设计

176_ 铁件玻璃隔屏典雅又通透。 为保留玄关开阔的印象，除了用梧桐木皮贴饰的柜墙和高脚木柜营造复古风外，借由铁件玻璃隔屏化解走道带来的压迫感。镜面与玻璃搭配的手法，不仅让空间显得宽阔，也让空间表情有了变化。
图片提供 © 川济设计

173 175
174 176

177_**磨砂玻璃门片让隔断活起来**。室内有狭长的走道，导致空间变得阴暗，因此利用铁件门框结合磨砂玻璃，作为客厅与餐厅的隔断，也增加了穿透性，让光线能进入过道区域，使之变得明亮。平时则可视情况决定门的开合角度。
图片提供 © 王俊宏室内设计事务所

178_**巴洛克图案呼应轻古典风格**。主卧卫浴玻璃拉门上，借深色巴洛克图案呼应整体空间的轻古典设计风格，同时与公共区设计元素形成串联。不锈钢铁件框架具有反射特质，不仅能增加空间亮点，还能带出低调奢华的时尚感。
图片提供 © IF室内设计

179_ **空心砖半高墙的景深效果**。前为白色文化石电视墙，后为洗石子面面加白色层板，前后两壁面不同质感让空间多了变化。空间中央空心砖半高墙，低调地划出客厅与书房区域。L形书桌提供舒适的阅读、工作区域，而半高墙让人在客厅看不到书桌上的杂物。
图片提供 © 尚艺室内设计

	181
180	
	182	183

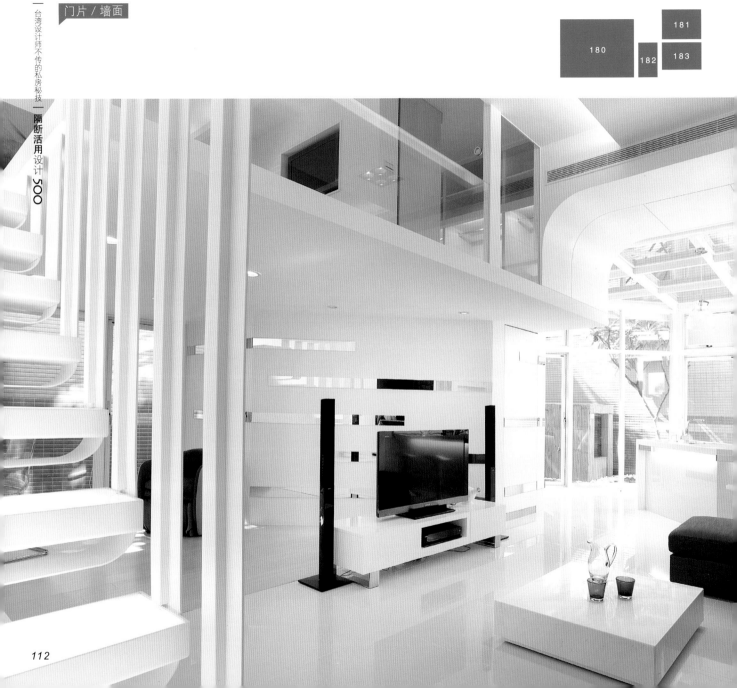

180_ **纵向与横面串联的无阻隔空间。**让各空间之间串联与对话，是客厅设计的主轴。因此，通过各种设计手法，化实墙为玻璃隔断，以格栅取代楼梯扶手，突显原有大面采光的优势，让空间没有阻隔，更能维持纵向与横面之间的互动。
图片提供 © 绝享设计

181_ **磨砂玻璃隔断的巧使用。**旧屋原本的建材老旧，采光亦不良，因此希望将空间感放大。设计师借由电视墙的设计，以磨砂玻璃区隔客厅与卧房，让光线穿透，由此带来宽阔的空间感。
图片提供 © 演拓空间室内设计

182_ **仿皮革壁布提升背墙质感。**客厅的沙发背墙后方规划书房，两侧透明玻璃内使用百叶帘，可视需求调整空间的开放与独立。局部壁面贴以仿皮革壁布，搭配皮沙发提升了空间质感，上方茶色镜面不仅放大空间，也具遮蔽书房上柜的功能。
图片提供 © 宇艺空间设计

183_ **黑白键图案墙面展现美感。**在充满张力的黑白键图案墙面后面，为主卧及客用浴室。为了隐藏两个空间的门片，设计师借由餐桌，以及折板延伸至墙面成为展示柜的设计，分割两区，使得黑白键的画面呈现出超现实的美感，同时也隐去了墙面上的门片。
图片提供 © 怀特室内设计

柜体／家具 **184-323**

家具除了本身原有的功能外，适当地摆放，还能界定出不同的领域，让空间的区隔更多元。
利用一体二面的柜体来区隔空间，不但可以增加空间利用率，还能打造出多功能的空间。

184

185

186

184_ 漂浮电视柜化解封闭感。刻意将区隔书房及客厅的电视柜采取不顶天设计，加上天花板内藏灯槽的造型梁设计，让空间更为通透。另外，电视柜下方以支柱取代落地设计，搭配偏移隔断线一角度，使柜体呈现漂浮感，化解空间的封闭性。

图片提供 © 玛黑设计

185_ 立体雕塑造型的柜体。为呼应电视柜，将吧台大刀阔斧"切"出厚度不同的柜体。这座柜体同时也是划分空间的轴线。吧台的末端与底部，特意"削"去一块角，除了造型考虑之外，也为了方便摆放吧台座椅而不影响动线。

图片提供 © PartiDesign Studio 帕蒂设计工作室

186_ 多功能餐台设计。不同大小的大理石台面，整合了踏阶与餐桌多重功能，转角处同时收纳、嵌入家电设备，满足生活功能的同时，更延伸出空间分界与变化的趣味。另外，客厅放弃传统电视墙面的设计，视听设备改为嵌入墙面、放置在边几平台上，以减少空间视觉上干扰。

图片提供 © 台北基础设计中心

187_ 多功能的餐厅白色主墙。 餐厅的主墙以白色为主色，右方通往主卧的开口，其实是一道被打开的隐藏门，墙面的切割线背后，隐藏着主卧各式的收纳空间。中间的横向开口，不仅提供展示功能，也让白墙有所变化。

图片提供 © 近境制作

188_ 具穿透感的吊柜隔断。 吊柜及其下方大理石平台，有区隔空间的作用。墙壁间设计开放式层板，可展示小物品，其上方有灯光打下，营造气氛。吊柜后方，是隐藏式木作小孩房门和墙壁，隐藏门设计，让整个空间看起来干净利落。

图片提供 © 金湛设计

189_ 三柜一体的设计。 电视墙后设计了鞋柜、视听设备柜及厨房电器柜，可谓三柜一体。内嵌平面电视的电视墙，选用半抛石英砖铺设，并辅以实木贴皮收头。地面采用进口烟熏橡木板铺设。

图片提供 © 德力设计

190_ **石框、木板带来度假风情。**客、餐厅分界的电视柜外框，采用黑色雾面仿古大理石，其背面为餐柜的门片，采用与格栅天花板相同的香杉木，富有线条感的面板突显自然韵律。剩余的木料切割为柴火状，放在柜体侧面，用壁炉的意象增加度假的气息。
图片提供 © 吴远室内设计事务所

191_ **建立入口意象，引导动线。**利用柜体作为入口玄关界面，同时考虑衣帽收纳与风水问题，柜体未及顶的设计，让视线可以延伸至后端餐厅空间，而餐厅立面的房间入口运用隐藏式设计，并融入展示柜，化为一道平整的墙面。
图片提供 © 成舍室内设计

192_ **走动或驻足时的视线交会。**主卧与客厅之间的墙体，利用双面设计作为空间分界。一面为实用人衣柜，以天然梧桐木料与外部设计元素相呼应；另一面则为大面积留白。隔墙局部以玻璃材质嵌入，通过百叶帘调节隐私，家人在走动或驻足时，内、外空间里会有不期而遇的视线交会。
图片提供 © 台北基础设计中心

	194
193	
	195

193_ **白色烤漆收纳柜的设计。**小起居室与另一主卧之间,设计架高地板,框住白色烤漆收纳柜,收纳柜两旁的透明玻璃墙,让小起居室的空间拉宽。主卧端的透明玻璃墙,采用可上下调整的拉帘,需要时可放下,以保护隐私。
图片提供 © 近境制作

194_ **两面均可使用的吊柜。**在右后方的餐厅和左前方的走道间,以吊柜区隔区块。吊柜刻意不靠墙,避免空间显得狭隘封闭。木作吊柜喷白灰漆,两面都可使用,可从餐厅或走道打开收取物品。吊柜下方是大理石平台,可摆设装饰品。
图片提供 © 金湛设计

195_ **相同材质应用让空间延伸。**主卧与主卧浴室(右)、主卧书房(左)之间,以一道宛如条形码的墙区隔。右上方的大梁直入卫浴间,正下方走道铺设与卫浴相同的大理石,空间的交界处地面以相同大理石垫高,既区隔空间,又有延伸空间的效果。
图片提供 © 近境制作

196

197

198

196_借用灯光舒缓柜体带来的压迫感。 为了满足餐厅与房间既需要区隔，同时还要能收纳的墙面设计，设计师利用三座双面柜取代墙面，让餐厅与书房均增加收纳功能，再结合灯光营造通透感，减少柜体形成的压迫感。

图片提供 © 陶玺空间设计事务所

197_橱柜即区隔却又不封闭空间。 基于书房空间不大，但又希望能与公共空间有所区隔，设计师采用双面柜设计出半开放的空间，让阅读区能有所遮掩，也可以提升空间的收纳功能，同时也利用木色柜门让空间有了温暖感。

图片提供 © 陶玺空间设计事务所

198_满足收纳与通透要求的玄关柜。 以黑白对比色设计的玄关落地柜内部，具有充足的收纳功能。靠近走道区凹入的黑色柜体，成为玄关端景，其通透性的设计，让视线可以"无限"延伸，同时又能减轻空间压迫感。

图片提供 © 长禾设计

199_ **阻隔视觉迂回动线的端景墙。**大门入口位于空间正中央的尴尬位置,一进门就撞见客厅。设计师将客厅转向,运用石材以顶天立地墙式设计为电视主墙,后方就是一进大门即见的端景墙,上段设计间接照明,下方为收纳鞋柜。地板上不同的材质也区隔走道与主空间。

图片提供 © 近境制作

200_ **由使用者定义空间角色。**这块弹性使用的空间,没有多余摆设,可以作为书房也可以是开放的公共区域,全凭使用者定义。将原有的隔墙规划为柜体,亦作为衔接睡眠区的廊道分界。书房墙上银白色马莱漆透过光影烘托,让白色产生各种表情变化。

图片提供 © 水相设计

201_ **玄关与客厅双面使用的隔断柜。**玄关入门处利用木作喷漆规划了一个可双面使用的落地柜,并作为玄关与客厅区隔。面向玄关处可作为衣帽柜与鞋柜使用;面向客厅区,则又是属于客厅的收纳空间。通过不规则的层板设计,增添空间趣味。双面柜的设计,不仅区隔两个空间,也满足收纳功能。

图片提供 © 长禾设计

202 203 204

202_ **模糊界线创造灵活性**。室内面积不足 70m²
的小屋，以一道矮电视墙模糊了客厅与厨房的界
线，创造了空间的穿透性与灵活性。电视柜则采
用褐黄色柚木，搭配黑色烤漆铁件梧桐木屏风，
背面结合餐柜。考虑起居空间的温暖感与厨房空
间易于清洁，地板采用木纹砖。
图片提供 © 馥阁设计

203_ **大型收纳柜的三向设定**。不同于公共空间
的浅色木地板，书房地面特地使用烟熏橡木地板
营造适合思考的宁静气氛，并可运用轨道折叠拉
门调整为舒适客房；此外，书房与厨房隔断实是
大型收纳柜，外观模仿白墙，同时也设定出厨房、
餐桌、书房三个区域。
图片提供 © 成舍室内设计

204_ **玄关的多功能双面柜设计**。大书桌是许多
人的梦想，设计师以鞋柜区隔玄关与书房区。回
字形的玄关鞋柜采用双面柜设计，分成上下柜，
面朝玄关的上柜是用灰色镜面装饰，下柜是鞋
柜，面朝书房的上柜是烤漆玻璃收纳柜，下柜则
以美曲板包覆。
图片提供 © 德力设计

一台湾设计师不传的私房秘技　一隔断活用设计 500

205_ **铁工组件取代办公隔断。**水泥粉光与架高南方松地板区隔出工作区与会议区，铁工打造的工作桌可容纳5～6人同时办公，材料结合钢板、钢柱、网、玻璃等元素，制造出粗犷的工业风格。
图片提供 © 尤哒唯建筑师事务所

206_ **弹性水泥质感的浅收纳墙。**同一道墙结合喷砂玻璃拉门、黑板漆墙、透明玻璃墙与白色实墙，黑板漆实墙为走道的端景之一，以粉笔书写《心经》与图案。另一道墙则设计开放式收纳柜，并内藏间接照明，突显墙面弹性水泥质感，给予空间微明的光影。
图片提供 © 二水设计

207_ **横向延伸，垂直挡煞。**电视柜以L形的橄榄非石材台面延伸，于玄关处利用烤漆钢管包边的夹纱玻璃，解决穿堂煞的风水问题，而沙发后方的多功能休憩区利用木地板架高区隔，以黑色铁件比例分割灰色镜面，有放大室内空间的效果。
图片提供 © 成舍室内设计

205

206

207

208

209

210

208_ **双面柜当隔断墙的空间超好用。** 从开放式书房望向客厅与琴房。设计师以双面柜当隔墙，关键在于尺度的精确拿捏，一边是影视机柜，另一边则是存放大提琴的收纳柜与客人专用的衣柜。架高10cm的客厅辅以推拉门，让光线得以注入书房区。
图片提供 © 德力设计

209_ **框住功能区域的线条与材质。** 开放空间以白色天花板的黑框框住中岛与餐厅区以及起居区域。大理石中岛水槽结合实木桌面为餐桌，并以同样的木材质作为开放收纳层架，呼应橡木纹地板材质。全室以同一种木地板材质铺设，以家具设定区域。
图片提供 © 近境制作

210_ **单一柜的复合功能设计。** 设计师设计此一双面柜体，不仅融入电视墙与影音机体，同时将书桌与电脑周边设备的收纳一并纳入。所有插座配线和网络数据线全数纳入，甚至设计了方便使用者变动现有设备的维修孔。表面采用北美银橡与橡木染色收头，黑色的部分是木纹砖。书桌是由手工推油保养的花梨原木与黑铁烤漆制作而成。
图片提供 © 德力设计

211_ 勾勒廊道双动线。玄关入口天地以雾面抛光石英砖、风化梧桐木构成，并利用大型柜体勾勒廊道意象。柜体同时结合电视墙，界定出左右双向动线，且天花刻意斜向处理，有拉提视觉，消弭压迫感等效果。
图片提供 ⓒ 成舍室内设计

212_ 阻挡视觉又指引方向的鞋柜。大门入口左手处的鞋柜，宛若一座屏风适度遮挡厨房、餐厅视觉，长向的柜体又隐约指引客厅方向。框、把手由不锈钢镀钛材质一体成形切割而成，门片采用暖灰色面网，具透气功能。柜顶上方挑空内藏间接照明。
图片提供 ⓒ CJ STUDIO 陆希杰设计

213_ 虚虚实实创造最大收纳空间。设计师巧妙利用每一寸空间。玄关的白枕木鞋柜，其实与其后的电视柜基柜整合在一起，利用虚实面板设计让每一处空间丝毫不浪费。玄关地板采用雾面石英砖直贴铺砌。客厅则是采用300条的进口烟熏橡木实木地板。
图片提供 ⓒ 德力设计

	212	
211		213

214

215

216

214_ **加宽楼板界定廊道**。利用原有楼中楼格局设计，将二楼楼板加宽，界定出完整的廊道以串联玄关与内梯。玄关鞋柜结合折拉门设计，区隔出餐厅与厨房空间，门片采用贴皮处理增加自然感，并有孔状造型变化，避免大面积过于呆板、沉重。
图片提供 © 邑舍设纪室内设计

215_ **框格柜营造万花筒的视觉效果**。客、餐厅之间特别设置一座由大、小框格构成的造型柜。不同于一般柜体以实用为目的，造型柜通过数个镂空方框，来穿引两个区域之间的景色，如同万花筒中用棱镜拼接出来的影像，使空间饶富趣味。
图片提供 © Ai建筑及室内设计

216_ **浴室水槽化身隔断墙**。将水槽移出浴室，再以不连墙设计让水槽与镜墙独立存在，获得了更具穿透性的空间视觉效果。浴室内因屋主生活习惯而设计了L形杂志架，有趣的是随着L形线条加上灯光，搭配回路设计，当浴室内有人时，灯光就打亮，丰富了生活趣味。
图片提供 © 玛黑设计

217_ 黄金比例的紫墙柜。由客厅衔接进餐区的紫色墙面为此空间一大特色，但因餐厅的高度较低，因此将木色柜体与紫色墙面依黄金比例做色块分配，使画面更具主题性而忽略纵向高度。另一方面在楼梯也以白色铁件与玻璃搭配取代扶手，极具穿透性，并具有舒展横向空间的视觉效果。
图片提供 © 戴鼎睿空间设计

218_ 阶梯式平台柜符合人体工学。屋主重视家人互动，因此将电视设计在侧边墙面，使场域互动性更强。阶梯式平台收纳柜兼具实用美观，阶梯下降高度正好切齐窗景平台，而高起来的部分结合收纳抽屉，整个桌面高度正好符合人体工学设计。
图片提供 © 禾筑国际设计

219_ 大型木纹柜体区隔并串联各个空间。一进门的收纳柜体隔断，以大面积、大量体从玄关串联至客厅，再从客厅串联至餐厅，完美遮蔽了从餐厅进出的卫浴间。直条木纹设计，更拉高空间视觉，而柜体底部有凹槽设计，放置屋主心爱小狗的食用碗盘，同时旁边便是放置宠物粮食的储藏空间，可谓一柜多用。
图片提供 © 山形设计

217

218

219

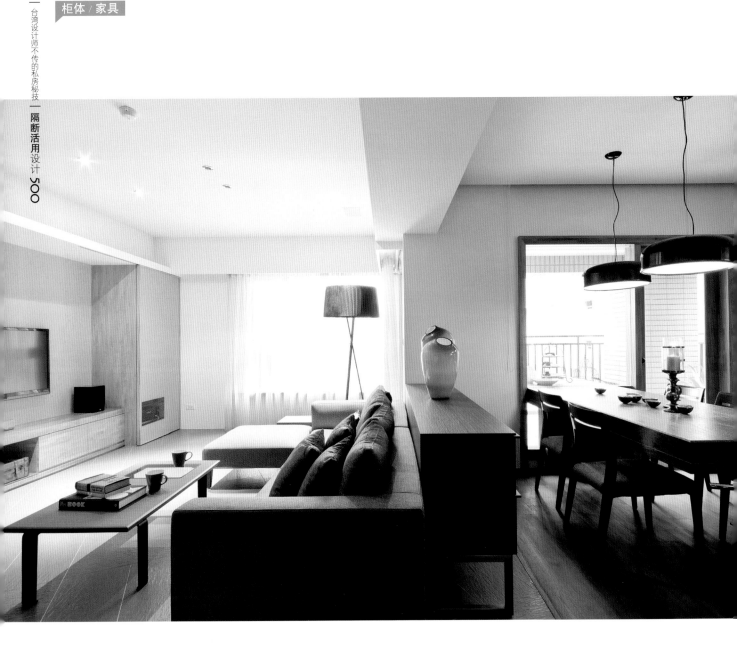

220_ **收纳矮柜带动的场域变动。** 客厅与餐书桌间仅以收纳矮柜加以区隔，地板则采用缅甸柚木实木地板与菱形拼贴铺砌的半抛石英砖进行区隔。行走其间自可感受场域的变动所产生的情绪转换。
图片提供 ©德力设计

221_ **影音阅读一柜整合。** 客厅与餐厅利用电视墙明确划分，以黑色花岗岩打造半高柜体顺着建筑物横梁走向设计，同时修饰结构，其正面除了整合电视与视听设备外，背面则加装不锈钢隔板，作为餐厅专属的书报架。
图片提供 © 成舍室内设计

222_ **结合多重功能的隔断柜墙。** 餐厅与厨房之间的隔断 墙"，以屋主收藏的斑驳红色旧木门为中心，对开的门片可开合。黑色大理石台面是女主人擀面团的工作台，也是厨房的出餐口。墙面则为木作黑板漆，墙后藏有冰箱与厨房收纳。
图片提供 © 二水设计

220

221

222

223

224

225

223_ **电器柜与隔屏二合一**。借由与厨房隔屏同一石材的屏风设计，将餐厅与客厅空间做出区隔，同时也让餐桌位置更具有安全感与隐私性。特别的是，隔屏在餐厅面被赋予了电器柜的功能，使用嵌入式电器的配置增加烹饪功能，解决了厨房腹地不足的问题。
图片提供 © 孙立和建筑及设计事务所

224_ **半高矮柜避免玄关封闭感**。由于空间不大，加上屋主不喜欢一进门便有封闭的感觉，因此采用半高的柜体搭配灯饰做隔断的示意。另外，客厅后方的书房平日开放隔断，只以架高地板做区域分界来增加穿透感，但若遇有客人来时则可将沙发旁的四片喷砂玻璃门片关上，变成极具隐私的客房。
图片提供 © 绝享设计

225_ **书桌的墙面背后就是电视墙**。有限的卧房空间要区分出睡眠区与书房区。床尾矮柜高度的不锈钢墙作为书桌的墙面，也区分出书房与睡眠区域。矮墙背后其实是主卧的电视墙，宛如矮柜的厚度，下方藏着开放式收纳的功能，可作为电器柜。天花间接照明则内藏于梁位内。
图片提供 © 近境制作

	227
226	228

226_ **粗糙质朴与精工细致的对比。**客厅电视主墙采用石头的外皮，粗糙的表面质感，协同木纹清晰的木地板，让室内与室外的自然气息产生连接。石墙两旁其实藏着木纹隐藏门，打开之后可见主卧与第二起居室。起居室的收纳柜墙，细致的白色烤漆玻璃对比出石墙的质朴。
图片提供 ⓒ 近境制作

227_ **处处是惊喜的隐藏式门柜。**厚实的卡拉拉白大理石隔断墙，背后是朝主卧方向的一面衣柜。大理石墙后方木门通往主卧，右侧灰墙和隐藏门进去是小孩房。左侧吧台尽头有一面悬浮镜，其实是隐藏式衣物柜，上面可挂衣物，下面可置放鞋盒和皮包。镜柜旁是驼灰色墙面和一道隐藏式厕所门。
图片提供 ⓒ 金湛设计

228_ **宛若矮柜的电视墙区隔空间。**客厅空间的采光极佳，设计师遂将客厅予以转向，独立式的电视矮墙位于处餐厅与通道之间，让沙发座椅区面向大门，电视矮墙后紧邻餐桌。电视矮墙宛如矮柜，以深色不锈钢框边，面板则是镀钛不锈钢板。
图片提供 ⓒ 近境制作

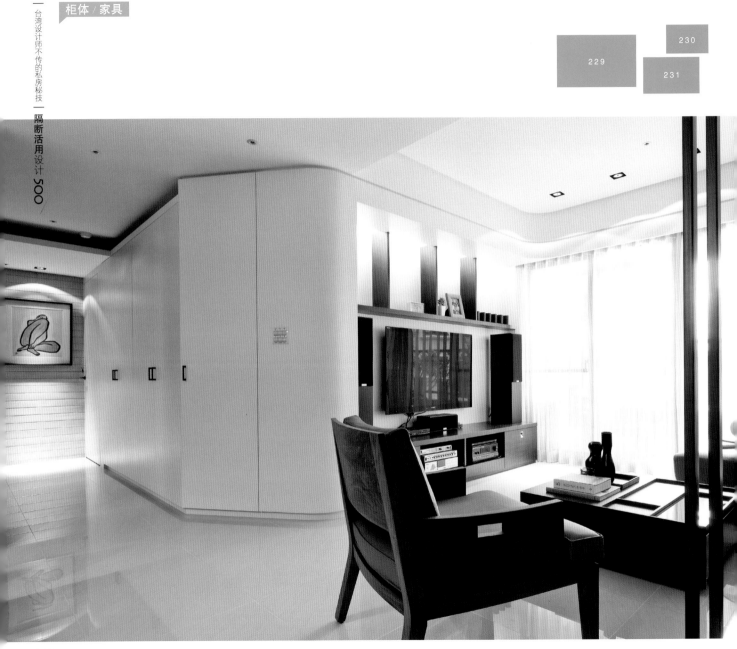

229

230

231

229 **斜切墙面圆润了动线**。设计师通过灯光、天花造型板以及具亲和力的白色橱柜引导，为室内提供明快的动线及隔断安排。而借由导圆角度的斜切橱柜则让转角处有了更多转换空间，同时也避免了室内的锐角，提供空间更典雅的空间表情。
图片提供 © 孙立和建筑及设计事务所

230 **设计款家具变身灵活隔断**。阅读区的书架以深色木纹做跳色处理，使整体空间具有一致性，也具有视觉焦点。而开放式空间中不设多余柜体或屏障，用质地好、设计感强的家具来做空间界定。高度略降的家具款型，不但成为品味焦点，亦可展现空间的开阔感。
图片提供 © 水相设计

231 **沙发靠背的多功能利用**。客厅与主卧之间不设隔墙，仅以拉门作为分界。小空间加上开放格局，让沙发的摆设位置伤透脑筋。设计师以人造大理石结合吧台，构成沙发的靠背，并延伸成为餐桌。吧台桌亦是屋主的办公区，下方设有隐藏式书柜，达到复合式的多元功能利用。
图片提供 © 墨线设计 INTERIOR INK

台湾设计师不传的私房秘技

隔断活用设计 500

232_ **延伸视觉的隔断线条。**设计师通过天、地、壁的隔断示意来界定正、副客厅，并让每个区域有其隐形界线。另一方面，设计师以电视柜台面的延伸性，及天花板灯槽与光影产生的方向性，使客厅的景深再次延伸向室内，丰富空间的层次。
图片提供 © 玛黑设计

233_ **皮革编织与电视墙界定主厅。**在无隔墙界定的公共空间中，除了借由不同色彩的家具配置来突显各区域的氛围与质感外，同时也借由特殊的皮革编织板设计来突显出色块差异，进而铺陈出电视主墙的位置，让主客厅与副客厅、餐厅之间有明显的轻重感。
图片提供 © 玛黑设计

234_ **可全收纳的电视墙。**居住新西兰的屋主习惯大格局住宅，为了不受限于台湾房子的尺度，设计师在美式风格的住宅中设计活动电视墙，在天花板上利用吊挂五金，搭配侧墙窄柜使电视墙可完全藏入，让空间更通透。另外，可转向的电视墙，让室内任何角度都可轻松观赏。
图片提供 © 博森设计

235
236
237

235_增加收纳空间的夹层柜体。 夹层的收纳橱柜突出于空间的垂直线边界，形成一定面积的收纳空间，门片采用倒装的百叶，将落尘隔绝于外。抬高的柜体也让下层高度更充分。柜体的面连接下方的墙，成为玄关的挑高墙面，另一面（向着客厅）则是开放式收纳柜。

236_睡寝与起居功能借由双面柜区隔。 简约古典的主卧以美式风格的条纹图案壁纸装饰强化，宽敞的主卧空间内部规划为静谧的睡寝区域，外部壁面则配置液晶电视设备成为休闲起居区，两场域之间运用一座白色造型柜体区隔，两侧分别为收纳衣柜与书柜。

237_弧形墙柜带出双动线。 因为受到老房子的结构柱阻断，使得空间的动线有所局限，因此在规划时索性以弧形柜体来化解柱子阻碍，进而发展出可由弧形柜体两侧进出的双动线设计。同时也让空间减少锐角产生，不仅在电视墙后增加小客厅区，而且视觉上也更加优雅。

238

239

240

238_ **木质休闲餐桌界定客厅与厨房。**整体以清爽的大地色调为主，主墙的叶脉图案强化休闲意象。书房拉门可完全敞开与客厅融为一体，开放式厨房让设计元素相互交错对应。厨具中岛旁配置原木质感餐桌，既延展用餐空间的功能，也达到与客厅界定场域的效果。

图片提供 © 权释国际设计

239_ **餐桌自然标示餐厅位置。**考虑到厨房与餐厅的空间都较为有限，设计师刻意将中岛台面与餐桌规划为一个整体，如此不仅让两个空间能有串联，餐桌本身也界定了餐厅的空间。强化功能但保留空间感的做法，能够维持空间的通透与舒适感。

图片提供 © 杰玛室内设计

240_ **大餐桌具备多元功能。**一张可容纳 4 ~ 6 人的大餐桌几乎是每一个北欧住家的必要元素。一来是因为注重家人互动，可同时在餐桌上做很多事，再者大餐桌尺寸足，在开放空间中也是很好的隔断家具，若是再搭配设计款餐椅，区域质感与美观度马上提升。

图片提供 © 水相设计

241_ 流畅的造型分界。造型天花隐藏了空调管线与间接灯光，并与梧桐木柜体共同界定出开放空间里的玄关与餐厅区。柜体下方离地的开脱设计，让量体在视觉上轻盈不少，同时还可看出门片上木纹对花的讲究用心。左侧木质拉门，比例拉高至天花，让空间线条如行云般流畅。
图片提供 © PartiDesign Studio 帕蒂设计工作室

242_ 让平面变成一个大房间。单身贵族希望空间不要有区隔，所有房间都能整合为一大间。于是，设计师除了客厕维持必要隔断外，厨房与客厅利用中岛工作台（结合电视半高墙）区隔，使空间合而为一。
图片提供 © 明代室内设计

243_ 灵活运用柜体区隔不同空间。餐厅旁的落地柜，采用活动式拉门设计，让柜体仿佛一道墙，屋主可依个人喜好开启或关闭，让展示与收纳有丰富的变化。以相同材质规划，紧邻餐柜的客厅与玄关两用柜，则让隔断延伸至玄关与客厅区，中段高低不同的凹处，可摆放不同高度的展示品，在相同材质和色调中，形塑造型趣味。
图片提供 © 大雄设计

244_ 顺应结构确立天花临界。由于结构使原本客厅主墙看起来相当复杂，设计师选用特殊的雾香色漆面，确立主墙调性，并利用平台整合功能柜体与视听设备；将与餐厅之间横亘的梁体作为临界，以平封天花修饰并定义出两个不同功能的开放空间。
图片提供 © 甘纳空间设计

241 242

243

244

245 **质料延伸让突兀柱体消失**。客餐厅之间横亘着主柱，将鞋柜山形纹栓木材料转折延伸，让柱子的量体消失，而中岛吧台以互嵌的设计与柜体相连，使柜体更具有延续性。为了避免鞋柜量体过于厚重，通过长条状开放式拖鞋柜，以虚实交错手法化解。

图片提供 © 甘纳空间设计

246 **同时品味书香与菜香**。运用吧台式中岛作为餐厨之间的分界，台子下方设有小格柜，可摆放屋主收藏的马克杯。原木餐桌是用餐与阅读的地方，选择单椅与长凳作为座位，增加活泼变化。当来访客人较多时，只要把桌子往前挪移，增设座椅外，还能让空间变成进出方便的环形动线。

图片提供 © PartiDesign Studio 帕蒂设计工作室

247 **穿透橱窗诠释家人互动感**。随着公私领域的动线切割，玄关成为家人必经之地，因此，在客厅、玄关交界的双面柜上特别以喷砂玻璃或展示洞来加强空间的联系。当家人进出玄关时在客厅就感受得到，但客人来访时橱柜又可提供遮掩，落实不干扰且可掌握环境的效果。

图片提供 © 玛黑设计

248 **多功能沙发延伸空间**。客厅采用环氧树脂地板，和室以架高处理。由于屋主热爱交友，家中经常是三五好友聚会的场所，设计师特别订制的沙发为五张单椅组成，可任意排列成所需的座位形式，且高度与平台等高，当一字排列时，也可成为和室的延伸。

图片提供 © 无有建筑设计

249_ **折纸般的木墙空间。**当平面不只是平面，墙面的定义除了隔断外，开始有了新的可能性，如折纸般利落的线条与角度让画面呈现犹如空间艺术作品般，这样的墙面也改变了居住者对于这个空间的看法，使客厅创造出不一样的情感印象。
图片提供 © 孙立和建筑及设计事务所

250_ **不同地板区隔餐厅与厨房。**厨房与餐厅之间借由瓷砖与木地板两种不同的地板材质作为主要的区隔手法。在柜体设计上，还刻意搭配内凹的层板以及间接灯光强调展示效果，同时也可作为暗示餐厅空间的端景墙。
图片提供 © 杰玛室内设计

251_ **木质书档的幽默。**身兼隔断与收纳功能的书柜，双边透空让光线得以流动。水平层架上玩简单不过度的比例分割，上头以木作设计出书本造型的书档，厚薄不一的木质"书本"，或直立、或倾斜、或堆叠平放，既实用又不失为一种幽默风景。
图片提供 © 水相设计

| 249 | 250 | 251 |

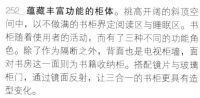

252_ **蕴藏丰富功能的柜体。**挑高开阔的斜顶空间中，以不做满的书柜界定阅读区与睡眠区。书柜随着使用者的活动，而有了三种不同的功能角色。除了作为隔断之外，背面也是电视柜墙，面对书房这一面则为书籍收纳柜。搭配镜片与玻璃柜门，通过镜面反射，让三合一的书柜更具有造型变化。
图片提供 © 传十室内设计

253_ **以展示柜柜体区隔空间。**运用双面开架木作喷漆柜体，辅以强化玻璃区隔客厅与餐厅，维持幽微的穿透感，内嵌 6cm 嵌灯，朝向客厅面采用玻璃门片以便于屋主随时替换展品。全室采用海岛型地板。
图片提供 © 尚展空间设计

254_ **同时品味美食与收藏。**左右以卡拉拉白大理石吧台、透空的造型展示柜，夹成一条特色穿廊。线条自由舒张的书架，打破平板规矩的柜体印象，同时也避免压迫。大理石吧台下方挑空储藏间接灯光、上方为可开的玻璃折门，坐在这个便餐台上享受下午茶，还可同时欣赏后方展示品。
图片提供 © 尚展室内设计

255_ **双面开架式展示柜设计。**全室采用海岛型木地板，黑色的书桌与烤漆玻璃内嵌电视立面连成一气，书房与睡房间以秋香木实木作贴皮制成一个展示隔断柜与之区隔。且因挑高不高，展示隔断柜一并将空调纳入。
图片提供 © 尚展空间设计

256_ **对称而又开放的视觉。** 书房与客厅以一道收纳柜墙为中点隔断，两旁的格状门为客厅带来对称的古典视觉。门片采取线板与透明玻璃的材质，一方面达成美式空间的要求，同时也让书房能与客厅产生视觉连接。开放结合封闭的收纳柜，满足多重收纳需求。
图片提供 © 近境制作

257_ **书架延伸为通透隔断。** 客厅天花板高低虚实，将空调室内机与梁体做最大隐藏，保留沙发区板对板的最大高度，使人经常活动的区域感觉更加开阔。书架延伸至开放厨房，使之成为两者的通透隔断，当主人于餐厨空间招待访客时，其他家庭成员依然可以在客厅安静阅读。
图片提供 © 十分之一设计

258 **菱形隔断柜让动线分流。** 开放的菱形书架与木地板，区隔出休闲空间，这里同时也是女主人最爱的阅读区兼赏景角落。菱形书柜的侧面，以金属材质收边，背面则为客厅电视墙。隔断柜左右两侧，成为通往客厅的双入门动线，通道之一由布幔制作隔屏拉帘。
图片提供 © 艺念集私空间设计

259 **创造静谧的阅读区。** 考虑到屋主交友广泛，家中经常有聚会需求，将四房平面改为两房，设定客厅空间可容纳 20 人聚会，为了让彼此熟识的朋友与新加入的友人适得其所，除了Π字形沙发区外，利用书柜区隔出静谧的小空间，让想独处时也能找到窝藏的好地方。
图片提供 © 十分之一设计

260_ **双向收纳，双倍实用。**位于空间中央的中岛备餐台兼吧台，内部有抽盘可拉出摆放电器，台背高起则能遮蔽做料理时的凌乱视线。而玄关与餐厅的中介，则是能让视线穿透的双向柜，可摆放植栽或装饰品，成为左右皆可共赏的最佳展示平台。

图片提供 © PartiDesign Studio 帕蒂设计工作室

261_ **矮柜与天花的梧桐木突显区域感。**面向餐厅过渡场域的墙面，延展客厅清水模材质与铁件展示书墙，大面积的 L 形造型墙面转化为空间焦点，强调设计想表达的自然生态概念，下方矮柜的梧桐木材质同样铺陈于天花面，是开放动线中空间区隔的低调暗示。

图片提供 © 宇艺空间设计

262 **如积木方块的层叠趣味。**以 4×6 的方块分割，呈现一个如积木般，层层叠叠的空间趣味。部分格柜保留透空，可让左右两区相互引光。通过柜体木盒的虚实交错，让格柜形成三种形态，透空、左开或右开，借由摆放位置的方向，决定展示物品的可视性。
图片提供 © PartiDesign Studio 帕蒂设计工作室

263 **阻断动线的开放收纳。**白色砖墙是有着丰富表情的材质，既富于个性，又可轻易融入任何空间。刻意不做满的白色砖墙，留下一个开口，让内外视觉相互穿透。书房的开放式柜体，采用吊柜与下柜的设计组合，让视觉穿透又具有适度阻隔动线的作用。
图片提供 © 近境制作

260		
	261	263

262

264_动线控制让访客不打扰生活。 交友广泛的屋主经常邀请友人来家里打麻将，餐桌结合麻将桌设计，并设于玄关旁，让访客动线点到为止，不再深入内部，避免干扰生活起居。墙面设计概念取自屋主收藏的花窗板，以木作将细节放大，变成屋主收藏的展示柜。
图片提供 © 十分之一设计

265_用书为生活上色。 原木餐桌与整面书墙的搭配，让空间同时扮演着两种角色，这里是用餐的地方，同时也是看书、上网的角落。5×6格方形柜，可容纳不少的书籍，而上头摆放的书籍同时为单一木色的柜体，上了缤纷颜色，让柜成为最具文化气息的端景。
图片提供 © PartiDesign Studio 帕蒂设计工作室

266_双色造型隔屏装点空间表情。 入门玄关左侧规划一道隔屏，让居家的开放动线与场域功能有所区隔。隔屏以松木原木构成通透的架构，让玄关的空间感不会过于狭隘局促。隔屏设计线条相互交错的开放层板，为摆放饰品的空间增添画面的丰富表情。
图片提供 © 木耳生活艺术室内空间设计

267_十字军书架再现武林。 秋香木十字造型书架后是另一个书房空间，设计师以A3尺寸为主轴抓出每一个十字层架的幅宽，以利于书籍陈列，由书籍的陈列表现出充满律动的视觉效果。为了营造轻盈感，特以吊柜方式处理。
图片提供 © 德力设计

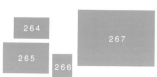

268_ 结合石材、木作与铁作的多功能隔断柜。刻意设计凹凸不平的锈石墙，后面是书房兼客房的衣柜。锈石墙下方局部镂空，形成类似壁炉的端景柜，前面及侧面是灰色透明玻璃，后面是木作门片，可从后面的房间摆设装饰品。石墙旁木柜可放置干货，在前端轻食区享用。木柜旁是铁作隔栅，营造休闲风。
图片提供 © 金湛设计

269_ 造型柜用美感功能征服空间。玄关用挑空的橡木钢刷木皮铁件造型吊柜吸引目光，吊柜设计解决了入门见灶、穿堂等风水问题，又能随时掌握出入的动静，让屋主住得更安心。公共空间采用开放式，横向木纹有拓宽视觉的效果，深浅交错色系也是拉开空间张力。
图片提供 © 大漾帝空间设计

270_ 由上往下垂吊的电视墙。电视墙后面是车库，从电视墙左侧转角走进来，便是这一端的客厅。电视墙和侧边层板及下方平台均采用樱桃木贴皮。在天花板上方的光源投射下，白色的天花板和壁面，以及黑色的茶几和雾面瓷砖，都隐身在场景中，这道由上往下垂吊的樱桃木电视墙，成为视觉焦点。
图片提供 © ISIT 室内设计

271_ 中国窗花融合现代风格的玄关柜。镂空穿透的玄关柜，是由中国窗花融合现代风格的线条，玄关柜上可摆设如中式茶具之类的收藏品。通过玄关柜，可隐约看见后方的餐厅和客厅。由于主人收藏许多古典中国家具，在中式家具周边的隔断，便以现代感及休闲风处理，让整个空间不致太过沉重。
图片提供 © ISIT 室内设计

272 具穿透感的双面柜隔断。长形屋的格局，通过不做到顶的双面柜设计，满足收纳需求以及空间区隔的效果。柜体上半部设计为开放式层板，可摆放装饰品，同时也能保留空间的穿透感与采光。从远处看，柜体的高度不会遮蔽后方夹层空间的玻璃隔断，让空间的穿透感可以延伸至后方。

图片提供 © 大雄设计

273 主墙材质延伸至后方走道收纳柜。客厅的造型电视主墙正后方规划为客用卫浴，且盥洗面盆台面直接对应主墙另一面独立配置，主墙梧桐木造型面转折延伸至此，洗手台下面便以同样素材安排收纳柜，讲究一体成型的设计并用柜体达到空间的区隔。

图片提供 © 权释国际设计

274 用木作家具隔出工作区。屋主希望在客厅区能够规划出一个完整的工作区，为了不让空间被压缩，或者在视觉上造成阻碍，设计师选择用木作家具隔出一个工作区。选择与餐厅、玄关柜相同材质设计而成，犹如办公室低矮隔屏的订制家具，保留了空间的开阔，以及视觉的穿透感。

图片提供 © 大雄设计

275 双面隔断柜化身为家庭小艺廊。走道的墙壁其实是双面柜墙。上半部在内侧的书房是一道大书柜，在走道这侧则为家人展示摄影作品的相片墙。外侧下方设置四个大抽屉，可收纳邻近公用卫浴间的卫生纸等备用品，以及整个客餐厅公共区域的杂物。

图片提供 © 品桢室内空间设计

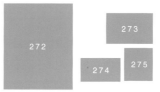

台湾设计师不传的私房秘技 — 隔断活用设计 500

276

277

278

279

276_ 充满生机的镂空吧台。此户原来厨房属封闭空间，但设计师通过局部变更，化解旧有的隔墙，改以深度 35cm 的吧台替代，并选用杜邦人造石作为台面，运用六分木新板，以 4×4 的连续方块，创造出空间的视觉延伸，以及空气的流动性。
图片提供 © 奇逸空间设计

277_ 一体两用的 T 字形玄关柜。俯瞰为 T 字形的原色梧桐木柜，左后方和右后方均设计为鞋柜，用以收纳女主人收藏的各式鞋款；中间为衣柜，用以挂放外套或不需即刻换洗的衣物。左手边是玄关，在木柜左侧留有一处凹洞，为避免开门时大门把手撞击木柜而设计，可放置回家时随手摆置的钥匙或其他小物件。
图片提供 © ISIT 室内设计

278_ 借由玄关柜营造空间层次。大面积住宅原本无玄关，设一道柜墙，空间就有了层次。白色大理石台面下方的同色钢琴烤漆抽屉，可收纳钥匙。上方的展示台背衬透明玻璃，让视线能延展至餐厅。两侧的粉体烤漆黑铁框强调了存在感；表面的原木质感则呼应餐厅主墙的森林意象。
图片提供 © 品桢室内空间设计

279_ 展示、收纳、隔断一柜搞定。利用客厅和餐厅的隔断墙作为双面柜，一面是电视柜，另一面则是大量收藏品的家，层板高度配合收藏品的高矮设计，摆设时不会过于拥挤、压迫，更为空间增添人文味与美感，下方柜子则可收纳其他物品，保持外观的清爽整齐。
图片提供 © 观林室内设计

台湾设计师不传的私房秘技—隔断活用设计500

280_ **隐藏所有的非必要**。位于餐厅右边的是一道餐厅收纳柜，设计师选用柚木实木贴皮，配搭屋主选购的实木餐桌。设计师采取去除门框的暗门方式与收纳柜化为一体。
图片提供 © 形构设计

281 **低矮柜体维持空间穿透性**。对此一楼中楼，设计师将最挑高的空间作为餐厅，全家人都可在此享受宽阔的用餐空间。设计师运用电视柜区隔餐厅与客厅。二楼面向餐厅的立面则采用10mm强化透明玻璃作为隔墙，以保通透感。
图片提供 © 形构设计

282_ **结构墙与电视柜共融**。平面以一道连续的墙面界定出公、私空间，灌浆而成的清水混凝土墙以模板塑形，融合了墙、电视柜等功能，将结构本身也化为空间家具之一，并且利用墙面与天花板脱缝与延伸设计，让其成为串连空间的隐喻。
图片提供 © 枫川秀雅室内建筑研究室

283_ **白色客厅与黑色餐厅**。以电视柜区隔客厅与厨房，为创造鲜明的空间立体感，设计师以黑色玻璃以及不锈钢烤漆系统柜板材制作餐具陈列柜。黑白交错出空间的整体纵深。
图片提供 © 形构设计

280		283
281	282	

台湾设计师不传的私房秘技

隔断活用设计500

	285	
284	286	287

284_ 不锈钢格栅区隔空间内、外。 从位于大门入口的玄关看向屋内，不锈钢材质的格栅区隔出室内走道，向左走，经过一道矮墙式的隔断进入客厅，矮墙其实是电视墙，表面材质为不锈钢框边与镀钛不锈钢板。
图片提供 © 近境制作

285_ 双面柜中藏推拉门片设计。 针对年届60岁的银发屋主，在客厅与睡房间配置一个半开放性的书写空间。设计师利用介于客厅与睡房间的双面柜间，辅以隐藏轨道，加入一道可隐藏的橡木贴皮推拉门，门片表面漆料以本色处理。
图片提供 © 相即设计

286_ 挑高空间的内外区隔。 在无隔断的一楼，利用木作隔断柜与墙面结合，界定接待区与工作区。中段凹处镂空的设计，让视野可从外望向屋内深处，却又不至于毫无隐私。过道门框刻意向上延伸，创造开阔的空间感，门框旁其实巧妙隐含了收纳空间，仅从细腻的线条切割，即可见收纳功能的存在。
图片提供 © 大雄设计

287_ 两座平台遥相呼应。 穿透式铁件屏风，作为入门后的视觉引导。屏风下方的雪白玉大理石高低阶底座，与客厅木化石电视矮柜造型呼应。底下皆埋藏间接灯源，让平台呈现漂浮轻盈感，两座平台也同时身兼空间区隔角色，分别作为玄关与餐厅、客厅与书房的分界。
图片提供 © 尚艺室内设计

288_ 玄关与客厅的虚实串接。以地板变化区分出客厅与玄关走道。为了隐藏空调主机出风口，书柜上方设计延伸降板，与天花横梁平行，同时也削弱梁体突兀感，且材料与玄关端景柜一致，互相照应。玄关端景柜也是客厅舞台高板的转折收边，对于过实的主墙有虚化点缀的视觉效果。
图片提供 © 十分之一设计

289_ 双面整合的玄关鞋柜。玄关鞋柜以梧桐风化木呈 L 形处理，一边是鞋柜，一边整合次卧门片，当所有门板关起时，只见线条分割的墙面与造型灯，看不到鞋柜，也看不到门片。柜体与实墙的高低落差利用天花板斜度收尾，廊道天花的斜线切割呼应柜体，此设计概念来自树枝。
图片提供 © 尤哒唯建筑师事务所

290_ 黑色烤漆玻璃隔断延伸成书桌台面。隔断结合书房的上柜与下柜，左右两边为透明玻璃材质，让客厅与书房保有适度的穿透。隔断中段的黑色烤漆玻璃则与书桌桌面一体成型，呈现一道利落的 L 形，上柜下方配置内嵌间接灯光，具有照明与光影装饰的功能。
图片提供 © 宇艺空间设计

291_ 区隔客厅、餐厅、走道的电视墙。开放空间的客厅电视墙位处通往客厅、私密区域的动线上，也是餐桌紧靠着的背墙。宛如柜体的矮墙高度，一进大门即可见客厅，又能不遮挡自然光线进入玄关。同属隐约定义空间区域的梁、玄关格栅皆采用相同的不锈钢材质。
图片提供 © 近境制作

台湾设计师不传的私房秘技｜隔断活用设计 500

| 292 | 294 |
| 293 | 295 |

292_ **视觉穿透的电视矮墙**。主卧结合书房的设计，在有限的空间中，又要放入电视。床尾设计一道宛如矮柜的电视墙，下方安排开放式收纳，可以收纳电器。矮墙的高度让视觉可以看向开放书架，墙面嵌着明镜映照空间更显宽阔。电视墙边框与书架都是不锈钢铁板。
图片提供 © 近境制作

293_ **电视矮墙让空间区隔更自然**。在小面积的格局里，空间的规划与区隔总是个难题。此处设计师借由雪白银狐大理石所砌成的电视墙区隔了客厅与餐厅空间，刻意放低的设计不仅符合视听所需，同时也保留了宽敞的空间，更有放大空间效果。
图片提供 © 杰玛室内设计

294 双面柜区隔玄关与餐厅。玄关入门处迎面就见到以茶色镜面作为门片和木作设计的双面高柜，茶色镜面的反射效果，可作为出门前整理仪容的穿衣镜用。茶色镜内面向玄关处则是鞋柜，一旁设计了层架式展示收纳；同一个柜体，面向餐厅处，设计为餐柜。巧妙地依照不同的空间属性，满足实用需求。
图片提供 © 大雄设计

295 利用多功能吧台连接空间。不足 60㎡ 大的空间，客厅与厨房之间利用多功能吧台作为连接，兼作餐桌与工作桌，并且可利用推拉门将空间完整区隔开来。而客厅电视背墙以弧形衔接转角，让空间更有串联性，同时也多了隐藏收纳柜功能。
图片提供 © 大器联合建筑暨室内设计事务所

296_ **隔断、收纳一次整合。**主卧的床头板既是衣柜，同时也是收纳柜，不仅可以收纳衣物，同时附有照明，可成为睡前阅读的床头灯。而整体柜体以绷板包覆，成为主卧内的一道软墙，也区隔出后方空间。
图片提供 © 力口建筑

297_ **抛物线造型柜隐藏更衣室与卫浴区。**考虑主卧空间的形状与角度，整体以圆弧为设计轴心呈现，睡寝区右侧走道旁的白橡木柜体，内部其实分别为隐藏式更衣室与卫浴的双重功能，其抛物线弧度的造型门片与隔断立面，则具有延伸视觉并放大空间的效果。
图片提供 © 权释国际设计

298_ **视觉穿透至客厅的隔断设计。**深浓的酷派黑色主题卧房，卧房与书房之间的墙面采用黑色烤漆玻璃、透明玻璃、木质门片与百叶帘的组合。到顶的特殊尺度门片，无形中拉高了天花板的高度。书房的开放式收纳柜设计，视觉从卧房，进入书房，直达客厅。
图片提供 © 近境制作

299_ **帝诺石几何造型台面转化成书桌。**书房局部运用玻璃为隔断材质，与客厅、玄关达到适度的穿透性。书房与主卧的隔断设计为开放式书柜，且书柜的帝诺石台面更延伸至窗棂下，以一道几何造型台面并转折接至地面，构筑不同于以往的独特书桌功能。
图片提供 © 权释国际设计

296	
297	298

299

	301	302
300		
	303	

300_ **隐藏畸零空间**。转角上楼的楼梯外，设计一开放展示柜，并且以镜面拉门设计，将楼梯下方的零碎储藏空间隐藏起来，使整体空间看起来更为简洁。
图片提供 © 惠志琪空间设计

301_ **一体两面的柜体隔断设计**。在卧房空间与公共空间的区隔设计上，设计师利用了柜体一体两面的特性，区隔了卧房与公共空间。在电视墙的下方，刻意以视觉可穿透的玻璃暗示空间的存在，同时也让空间感更为开放。
图片提供 © 杰玛室内设计

302_ **连续柜体界定客厅与卧房**。利用柜体隔断，客厅大面书架的背面，则是整合电视、衣物收纳的连续柜体，天花板配合墙面斜度设计，产生宛如广角效果的视觉延伸，落地窗帘直接挂于楼板下，并高于梁体，以争取窗的夹高度，在视觉上更为舒服。
图片提供 © 十分之一设计

303_ **床头板化身梳妆台设计**。全室以进口烟熏橡木实木地板铺设。设计师利用高度150cm的主卧床头柜，区隔出睡房与梳妆区，选用进口壁纸作为面材，辅以秋香木收头，运用柜体将所有壁灯插座配线全数收入。
图片提供 © 德力设计

304_卧房墙面的布面质感。以灰色玻璃为主的楼中楼空间，可以清晰看见区隔出上、下层空间的 H 形钢架。主卧卧床区域的墙面，以黑色压边的布质墙面，在以玻璃为主的空间中，给予主卧温暖的质感。床尾米白色的沙发，区隔出睡眠区与主卧的起居区。

图片提供 © 近境制作

305_运用材质令和室融入客厅空间。地板架高的和室，虽是独立的空间，依然必须与外部空间协调，才能不显突兀。墙与地的边框，采用与外部地板同样的木纹材质。加深墙的厚度，设计开放式收纳展示柜，让和室隔断墙融入外部空间，成为客厅视觉的一部分。

图片提供 © 近境制作

306_利用旋转双面镜遮挡风水。进入后方主卧及卫浴的廊道上，设置高柜融入玄关收纳功能，并加液晶光源引导视觉动线；而进入廊道前依屋主要求设计出可旋转的屏风，双面贴镜兼具整理服仪及风水遮挡的功能，平时客人较多时可以转收置于墙面不占空间。

图片提供 © 惠志琪空间设计

307_展示柜美式线板呼应现代古典风。客厅与玄关为相邻场域，于两区之间规划一座双面使用柜兼作隔断，分别具备玄关鞋柜、客厅造型展示柜的功能。为呼应现代古典风格，柜体立面呈现美式线板与框体造型，并搭配带有雾面质感的白色陶瓷烤漆设计。

图片提供 © 权释国际设计

304

305

306

307

台湾设计师不传的私房秘技

隔断活用设计 500

308_增强采光与通风的柜隔断。屋龄近 40 年的临街透天老屋，长条的街屋房型容易有采光不足及空间狭窄的问题。设计师以高柜区分客厅、卧房、走廊与厕所的位置，并利用柜体上方的活动气窗设计，来增加通风及采光。

图片提供 © 惠志琪空间设计

309_制造迁回层次的动线。利用柜体区隔玄关口，且设计两面使用，一面为鞋柜，一面为书柜，希望创造可迁回的空间动线，因此利用折拉门区分出如半户外空间的阳台区，并且门面可收于柜侧。柜体采用染色橡木皮贴面染色。

图片提供 © 甘纳空间设计

310 **玄关一景**。设计师以中空矮柜区隔玄关与室内空间，运用柚木集成材量身打造大门，造就出空间的一体感。地面则是以南非黑石材的烧面与雾面混搭而成。
图片提供 © 珹尔室内设计

311_ **小小密室的开放美学**。舒适的灯饰与坐椅，让主卧更衣室一隅成为独立惬意的居家小角落。中央透明玻璃，其实是与客厅之间的两用型功能隔断，可从两个空间同时欣赏收藏品，柜体上的黑金属悬吊镶嵌，则是希望营造视觉上的漂浮趣味。柜的左右各有两片活动拉门，合起时就能完全掩蔽成为一座密室。
图片提供 © 光合空间设计

308

309

310

311

312_美形分割造型墙。玄关以色彩淡雅的金属地砖，搭配黑色石材做出滚边。左右两侧的方形分割造型墙，内部隐藏了鞋柜，柜门为立体木作、表面金属烤漆，较为突出之处则是把手。通过美观的隐藏柜墙，具有界定空间以及美化入门迎宾区的双重效果。

图片提供 © 艺念集私空间设计

313_半高墙塑造∏形工作站。卧房需要独立工作区，设计师以半高电视墙区隔，于背面加上明镜，以∏字形台面整合化妆桌与书写台，柜体同时也具有书柜、衣柜等功能。此外，前后空间利用降板天花修饰横亘的梁体，使室内可以看通，避免空间幽暗。

图片提供 © 十分之一设计

314_ 以中岛与画框镜面强调居家层次。餐厅主墙装饰一古典造型金色画框镜面，不仅可反射延伸用餐空间的深度与广度，且画框造型诠释宛如窗景的设计概念。开放厨房配置中岛并搭配地板的黑色花岗石滚边来区隔餐厅，居家风景更丰富，且更有层次。
图片提供 © 权释国际设计

315_ 金属马赛克吧台点缀出奢华古典风。餐厅右侧壁面铺陈菱格纹茶色镜面低调地反射延伸，餐厅与开放式厨房不仅以不同造型的天花、光源形态区隔，还特别规划一座吧台遮饰内部厨具，帝诺石吧台台面结合金属马赛克立面，营造略带奢华的现代古典印象。
图片提供 © 权释国际设计

312		314
	313	315

316_ **让隔断柜有形而不单调。**玄关与客厅之间的隔断设计，由电视柜而达成。设计师除了利用不同建材作为地板材质暗示空间的相异，另外也在隔断柜上以烤漆搭配造型处理的手法呈现，一方面满足客厅的电视墙设计，另一方面也让玄关空间更具视觉美感。
图片提供 © 杰玛室内设计

317_ **不规则收纳柜的灵活运用。**宽敞的游戏室，一边的隔断墙选择用可涂鸦的黑板墙嵌入不规则开放层架。另一边则是各式不同规格的柜体组合而成，仿佛积木堆叠的展式收纳柜，通过可移动的木制拉门，随需求或遮蔽或开放，让隔断墙的表情，也随着生活的需要而千变万化。
图片提供 © 长禾设计

318_ **双面玄关柜 收纳展示全具备。**玄关安排一个双面柜，用来当作分界屏障和强化收纳容量。玄关面采用深色木皮搭配茶色镜面，使入门景深绵延，圆形镂空则让艺术品加分。客厅面采用浅色，上方是视听柜、下方是壁炉，以实用功能与玄关的展示性质做出区隔。
图片提供 © 里欧设计

319_ **增添空间层次的柜体隔断。**原本毫无隔断，且大而无当的公共空间，设计师刻意利用柜体与拱门做出明显的空间区隔，让客厅与餐厅在视觉与动线上可以互通，却又各自有独立的使用空间，同时也让原本过于局促的客厅主墙，因为餐厅柜延伸的空间而变得更大气。
图片提供 © 采荷室内设计工作室

316

317

318 319

320_ **吧台区隔餐厅让空间有效率**。厨房空间的确立是借由不规则形的吧台设计达成。为了丰富空间的视觉效果，并且维持冷色系的调性，设计师用黑白两色搭配灰色镜面装饰吧台表面，在区隔空间的同时，吧台本身的存在使空间更为美观，并具有遮挡炉具的作用。

图片提供 © 青田苑室内设计

321_ **两面手法让利用效率提升**。登上二楼主卧的右侧墙，与客厅的柜体是一体两面设计；80cm深的柜体，约预留了50cm给主卧做衣柜，门板表面用益胶泥涂料仿水泥质地，来弱化柜面的存在感，搭配薄片手把隐藏式设计，让设计元素更为内敛。

图片提供 © 竹工凡木设计研究室

322_ **框格柜使长廊高挑有型**。为避免双层分割降低开阔感，通往后阳台的走道天花维持4m高度，并用开放式框格规划出柜墙，一来可以利用浴室的玻璃隔断当衬底，提供收藏展示平台，二来格柜的比例切割也化解了走廊的冗长感，进而丰富了过道表情。

图片提供 © 竹工凡木设计研究室

323_ **如装置艺术的柜体区隔空间**。整个公共空间的规划以开放式设计为主，因此，电视墙延伸过去的工作桌设计，区分了客厅与阅读空间。柜体本身以钻石面切割，搭配烤漆带出奢华质感，内藏收纳柜体的设计则是满足了书房的功能需求。

图片提供 © 青田苑室内设计

可收可放的隔屏或帘幕是区隔空间的好帮手，不但能让空间使用更加弹性与方便，
还能美化室内，营造生活乐趣与情调。

325_ **露梁露柱 运用原有梁柱当隔断。** 能做到空间区分，不一定非要有墙。运用原有梁柱当隔断，区分出左下方沙发区、左后方书房区和右侧廊道休闲区。为尊重建筑结构，刻意露梁露柱，打破一般包梁包柱的做法。右侧用虚实镂空设计，实体是树干倒影，镂空处是水流弧线，水木相生，象征家族生生不息的传承。

图片提供 © ISIT 室内设计

326_ **叶子造型的楼梯扶手。** 这是突破传统框架的扶手造型。整栋建筑物处在一个自然空间中，于是将这道从一楼到三楼的楼梯扶手，设计为叶子的造型，叶子的经脉于是从一楼延伸到三楼。叶子扶手采用黑色喷漆，无锐角，呈现圆润感。为兼顾扶手安全性，叶子经脉间隙最多不超过20mm。

图片提供 © ISIT 室内设计

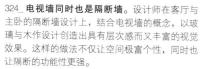

324_ **电视墙同时也是隔断墙。** 设计师在客厅与主卧的隔断墙设计上，结合电视墙的概念，以玻璃与木作设计创造出具有层次感而又丰富的视觉效果。这样的做法不仅让空间极富个性，同时也让隔断的功能性更强。

图片提供 © 演拓空间室内设计

327

328

329

327_ **电视柜结合玻璃门放大视角**。为保留最大范围的台北仁爱路街景，舍弃气派的电视墙造景设计，而采用局部电视墙，再搭配书房茶色玻璃隔断，让窗外景致能更完整呈现。此外，书房内的视角也同样放大，而通过玻璃隔断，在书房内也可以知悉大厅的活动情况。

图片提供 © 玛黑设计

328_ **扶手变盒子换得更多景深**。考虑客厅空间深度较浅，特意将楼梯的扶手撤掉，避免视觉因扶手被阻断，并运用立体的盒子堆叠出造型主题，其内部或上方均可摆设装饰，同时也具有扶手的示意效果；另外，墙面扶手则以优美弧线来柔化视觉，成为沙发的背墙装饰。

图片提供 © 玛黑设计

329_ **若隐若现的光屏**。由玄关进入客厅之前，会经过一道包覆结构柱的木墙，借由梧桐木的自然感，沉淀入门心情。廊道正前方，梧桐木框夹白膜玻璃的隔屏，若隐若现地透着落地窗外来的光，通过这道光屏，就是柳暗花明后的宽敞。

图片提供 © PartiDesign Studio 帕蒂设计工作室

330_玻璃与窗帘是必胜隔断组合。局部变更设计之后,设计师以10mm的钢化透明玻璃区隔客厅与主卧,让光线得以自由流动,同时以拇木原木收头,并安装隐藏式轨道窗帘,同时兼顾开放空间的宽阔视线与隐私。
图片提供 © 德力设计

331_里里外外两相呼应。设计师局部变更通往户外阳台的门窗,改以指接胡桃木实木贴皮门框,与从室内延伸至户外的钢刷铁刀木皮实木贴皮书餐桌一体,修饰外墙的二丁挂瓷砖,借由铁件的支撑力,营造出与户外连成一气且宛如漂浮般的餐书桌。
图片提供 © 德力设计

332_隔断变成可呼吸的装饰墙。希望使公共空间获得更开阔的空间感,但又要顾及各区域的功能界定,因此在隔断建材的选用上多采用具穿透性的玻璃,一来可提升空间光线的引进效果,同时掌握隔断墙的虚实比例,使得隔断也变成可呼吸的装饰墙。
图片提供 © 陶玺空间设计事务所

333_具空间穿透感的玻璃墙。为保留书房的采光与客厅、书房之间的空间穿透感,设计师将实体隔断墙的一部分改以玻璃墙取代。客厅选用低靠背沙发,让视觉不受阻碍。具穿透感的玻璃墙,让书房内的书墙成为客厅端景的一部分,而在书房内,也不会因为实体隔断墙而产生压迫感。
图片提供 © 大祈国际设计事务所

330 331 333

332

334_ **玻璃隔墙让空间显得更大**。左侧电视墙旁玻璃转角内是一间烘焙室，供女主人做面包饼干。采用玻璃隔断，可看见室内动线，让整间房子显得更宽敞。玻璃转角后方是灰色墙壁和隐藏式厕所门。餐桌后方壁面是木板烤漆，右侧玻璃门进去是厨房。厨房玻璃门加隔热贴纸，避免客人看见厨房凌乱的景象。
图片提供 © 金湛设计

335_ **一体两面的隔屏**。台度前后高低不同的雪白玉大理石，其实具有实用的双重功能。较低的一侧，是玄关区的穿鞋椅；面向餐厅的高台，则是备餐台兼餐具收纳。上方通过粗细线条、垂直水平交错的黑铁件，以及局部的水纹玻璃，交织出视觉穿透、一体两面的镂空隔屏。
图片提供 © 尚艺室内设计

336_ **收纳功能转化为格局界定**。考虑客厅与书房之间的互动与景深关系，将隔断墙改为玻璃搭配木百叶设计，同时在书房面还设计置物柜，将收纳功能转化于格局之中，一体多用途的设计巧思兼顾美感与实用。
图片提供 © 陶玺空间设计事务所

337_ **格栅式空间衬景。**玄关区双片格栅屏风，水平线条的柚木搭配黑铁件收边，视线可穿透格栅，隐约望见客厅，因此，屏风既是分界隔屏，亦是具有禅味的空间衬景。灯光投影强化 L 形穿鞋椅的光洁亮白，与雾面木化石主墙呈现出截然不同的触感对比。
图片提供 ◎ 尚艺室内设计

338_ **中国风混搭南洋风的镂空隔栅。**仿镂空砖块的深咖啡色木作隔栅，采用极简式的中国风混搭南洋风。隔栅左方是附壁灯的空心砖墙，运用便宜素材，营造朴拙粗犷的空灵效果。隔栅后方是会议室，室内灯光可由隔栅镂空处透过来；前方是院子，采用灰色地板和原木长条椅，营造静谧氛围，让人心绪在此沉淀。

339_ **散发芬多精的自然隔断。**在玄关与室内之间运用不同色调的瓷砖地板，以及些微高低地板差的设计，使区域明显划分。此外，玄关右侧香松木格栅墙则身兼装饰与区隔书房，以及散发芬多精的多重任务，让原本单调闭塞的隔断墙展现出如树林般的美感。
图片提供 ◎ 戴鼎睿空间设计

340_ **妙语如珠的钛板光泽。**设计师顺着建筑物本体的开窗比例与律动，以同样手法铺陈区隔空间，选用和此宅玄关呼应的钛板与明镜，创造四面来光的通透气韵。
图片提供 ◎ 形构设计

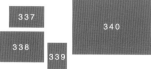

337

338

339

340

341_ 引光入室的缤纷与华丽。客用卫浴一景。设计师用激光切割出类似花草图形木质隔断，辅以金属色喷漆，光透过缝隙雕琢出一室缤纷与华丽。镜面安装两盏壁灯一展风华。
图片提供 © 尚展空间设计

342_ 与家饰相搭的隔屏设计。楼梯壁面采用不同色系进口壁纸拼贴，创造出行进之间的情境转换。此外，基于儿童的安全考虑，设计师采用哑铁黑色烤漆制作一整片通透的屏风与空间相融。
图片提供 © 尚展空间设计

343_ **扮演两空间桥梁的木格栅。**为了符合温泉会馆的风格，运用木格栅设计营造日式汤屋的气氛，同时让它成为客厅与厨房的穿透隔断，另外也架高了中间的黑云石走道，更明显区隔两个空间，并将管线隐藏在下方，而石材和柚木的深浅色互搭，也谱出了空间层次感。

图片提供 © 观林室内设计

344_ **具装饰性的中国窗花镂空门。**中国窗花的镂空隔断，是主卧房门，也是一种装饰。一面仿中式门窗两侧对开推门式，另一面采用推拉门式。门内是主卧，门外左侧是麻将桌，右侧是吃喝聊天的休闲区，中间靠窗处设有一面方格柜，用来摆设女主人收藏的各式杯子。天花板以木头隔栅，营造休闲氛围。

图片提供 © ISIT室内设计

	346
345	
	347

345_ **弱化门墙让非必要的线条一一消失**。二楼是造型设计师屋主的工作区。在敞开的设计要求下，设计师运用水泥粉光做地面处理，以及在梁下5cm天花板勾缝固定一整片的10mm钢化透明玻璃，创造出通透又充满个性的简约空间。这里相当适合充满创造力的屋主，能够开启无限的想象力。
图片提供 © 相即设计

346_ **讲求律动的栅栏拉门设计**。客房兼书房空间以意大利柚檀实木贴皮制作的双片栅栏拉门，区隔了迎面的孩童房。为了拉高走道视觉并同时强化栅栏结构，栅栏上下都以横向串联。辅以胶合玻璃即可解决隐私与走道的动线干扰。
图片提供 © 德力设计

347_ **垂直挑高，水平延伸**。从玄关望向客厅。玄关与客厅以柚木地板相隔，同时隔栅辅以白杨木染白处理，设计师同样采用隔栅符号制作矮凳，提供出入空间穿脱鞋子的功能。
图片提供 © 玳尔室内设计

348

349

350

348_ 以光雕刻的创意图案。眼前的图案是屋主与设计师的共同创作。屋主希望餐厅可与楼梯区隔，因此提议融入一个端景，以"爱"为题，设计师绘制了一个如鸟笼的花草图案，以木作激光切割制作而成。

图片提供 © 尚展空间设计

349_ 展示柜隔断设计。全室采用名牌超耐磨地板铺设，辅以砖造文化石彰显乡村居家氛围。基于孩童安全，设计师将原建物的隔墙局部变更，改以半穿透性的展示柜隔墙与楼梯区隔。熟稔比例拿捏的设计师，以等比切割出12个展示柜。

图片提供 © 尚展空间设计

350_ 敞开与隐私的和谐状态。在讲求通透无障碍的空间设计下，设计师采用大量的钢化玻璃作为空间区隔。考虑到空间的隐私，则在天花板埋入轨道以提供及地的不透光窗帘使用，设计师运用细腻的收头，让整个空间在敞开与隐私间有一个最佳的和谐状态。

图片提供 © 相即设计

351_ 单片推拉门的空间暗示。不足 50m² 的空间相当有限，设计师以 10mm 钢化透明玻璃以及单片的横拉门，搭配隔帘区隔餐厅与书房空间。之所以不套用双片推拉门，主要是要创造空间的灵活度。
图片提供 © 奇逸空间设计

352_ 在冷静之中凝聚温暖。客厅为家人活动中心，设计师希望电视墙不仅提供视听娱乐，而以透光黑色玻璃打造如同火炉般的墙面，凝聚温暖的感受；此外，墙面刻意斜角设计，将空间动线串接成 U 字形。客厅与书房除了利用玻璃横拉门隔断外，也加入落地帘，在现代极简的空间风格中增添一丝软调。
图片提供 © 无有建筑设计

351	
352	353

353_ **格栅之美。**通过虚实相间的格栅屏风启动了好奇的视线，也呈现出隔断的隐约之美。在设计师巧妙安排下，受环山包围的开放和室与室内之间共享两扇格栅，不仅在视觉上，使双方具有穿透与遮掩的效果，同时也可随屋主的情绪做调光的配置。

图片提供 © 孙立和建筑及设计事务所

354

355

356

354_ **穿透概念放大空间尺度。**客厅与书房之间采取半穿透的设计手法作为隔断，书房隔断以喷砂玻璃与透明玻璃的间隔使用，让视线得以延伸并创造宽阔感。除可延伸客厅的宽度放大空间，喷砂玻璃在一定程度上，也维持书房的隐私与独立性。

图片提供 © 演拓空间室内设计

355_ **透明玻璃墙迎进自然光。**运用不锈钢条嵌透明玻璃作为客厅与此空间的隔断墙，迎进客厅充足的自然阳光，最特殊之处，就在于以"顶天立地"的方式为墙，6 片透明玻璃未经切割，塑造大气空间感；并且也呼应玄关 6 片不锈钢宽条为隔栅的屏风。

图片提供 © 近境制作

356_ **具采光及隐私性的彩虹玻璃隔屏。**为了让绿意能够进入主卧空间，设计师将主卧及客厅的墙面改由半透光性的彩虹玻璃及透明玻璃做隔断及主卧门，且为彩虹玻璃设计拉轨，让屋主可视情况移动，以便保有稳私及透光性。而透明玻璃部分更利用金属百叶帘，让屋主可视需求透过调整百叶帘的角度，决定光影及视觉进入主卧的穿透性。

图片提供 © 山形设计

357_ **不锈钢格栅创造迂回动线。**6 片不锈钢宽
板立于大门的右边。稍稍阻挡了直入餐厅区域的
通道，隐约遮挡视觉，也带来动线迂回的趣味，
并为归家的人或访客引导走入室内的动线。姿态
各异的排列在灯光照射下，即让格栅本身富于可
独立存在的视觉感性。

图片提供 © 近境制作

358_ **二进式隔断让小孩房升级套房。**当屋主父
母偶尔前来作客时，除可将小孩房转作客房，同
时可利用平日打开的玻璃门帘创造二进式隔断，
使小孩房外的客浴顺利纳入房内，如此客房则变
为套房式规格，善解人意的实用设计提升了空间
格局品味。

图片提供 © 陶玺空间设计事务所

357	
	360
359	
358	

359_ 纱质光体，柔性的隔屏。 屋主喜爱白净的空间感，设计师特别将沙发背墙以大麦白色墙衔接白色木格栅，在一片白色调中做出变化。L形间接光沿着电视主墙转折至天花板，地板材质也特别挑选了雾面石英砖，才不会因亮面而过度反光。纱质立灯柔化照明，同时也是透着光的活动隔屏。

图片提供 ⓒ 尚艺室内设计

360_3D 水滴立体隔屏。 客厅空间旁，是有着大面落地窗、光线极佳的书房，为了释放光线深入室内，以格栅式、扭曲的白色隔屏作为空间分界。3D 状的水滴立体浮现，从不同角度观看，会产生不一样的形状。特殊手法让隔断富于变化而又不压迫，并创造如抽象画作般的生活艺术。

图片提供 ⓒ 水相设计

361_ 窗帘取代更衣室门片。 保留原始格局的一道短墙成为遮挡入口的屏风，并且区隔出后方的更衣空间，并利用线性排列的天花板灯具加强空间张力，而衣柜利用白色窗帘取代门片，减少开关关的麻烦，也多了柔软的感觉。
图片提供 © 尤哒唯建筑师事务所

362_ 翻转木地板的墙。 套房空间内，设计师将夹层地板直接延伸，巧妙以360°旋转扭曲，将木地板结构转换为一堵格栅木墙，使空间产生奇异的翻转视觉效果，而格栅的筛光同时也为光影表情增色。
图片提供 © 枫川秀雅室内建筑研究室

363_ 动态跳跃的几何灯槽。 挑高空间的上层，以折板天花板造型、大胆斜切的块状，分割出颇具趣味的空间。木质架高区块可作为弹性运用空间亦或是客房，走道旁的隔墙，则运用木皮挖出几何长条沟槽，内藏红色照明，错落不规则排列，形成动态跳跃的层次节奏。
图片提供 © 芮马设计

364_ 造型墙成功分隔玄关与餐厅。 由于大门直冲餐厅，而增设一道玄关墙；借由半穿透设计，成功分隔这两区并保留了宽敞感。木作墙上方以激光切割成树状造型的钢板，内夹透明玻璃，让视线延伸又能阻绝冷气外泄。树状造型寓意森林，是这休闲养生宅的意象主题。
图片提供 © 品桢室内空间设计

365_既是界定也是延伸。将玄关阳台的落地门拆除，利用电视柜与墙侧面以天然大理石材包覆出一框体形象，而材料本身则与餐桌面相同，因此在玄关与内部空间之间具有界定和延续两种意义。而阳台利用落地窗帘修饰，也是技巧性让玄关融入整体空间的手法之一。

图片提供 © 无有建筑设计

366_灵活隔断分享更多美景。为使主卧与卫浴空间都可享受更多淡水河景，先将两区利用 L 形的石墙做隔断，让浴室墙面更具有重量感，同时利用可置物的凹槽设计增加墙面的功能与美感，而在临窗部分则改以百叶窗帘取代石墙，当帘叶拉开时，透过玻璃隔断让双区的视野都变得更宽广、更完整。

图片提供 © 戴鼎睿空间设计

367_以半透光的隔屏来界定空间。 用一道隔屏，以最不占空间的方式，利落地分隔出前方的餐厅与远处的玄关，并让这两区维持通透的开阔感。黑铁框镶嵌两片透明玻璃，透明玻璃内的夹层在光线映照下，隐约浮现出植物纤维的线性美。
图片提供 © 品桢室内空间设计

368_让空间感放大数倍的秘诀。 以白色为基底的空间，希望呈现黑白对比的个性风格，并利用特殊隔屏，居中调和，产生层次与温暖错觉；如卧房采用钢化玻璃与落地帘作为区隔，清透材质的通透感将小空间在视觉上放大数倍，而软材质则在冷静的调性中增添温暖的错觉。
图片提供 © 馥阁设计

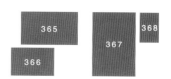

台湾设计师不传的私房秘技—隔断活用设计500

369_ 电视矮墙的隔断秘技。 电视墙结合玻璃的设计，区隔了客厅与书房。设计师刻意压低电视墙的高度，并在上方搭配透明玻璃，半穿透的隔断概念不仅拉宽客厅深度，视线的延伸也创造出更宽广的空间感。

图片提供 ⓒ 演拓空间室内设计

224

370_ **让暗房浴室有了风景**。主卧的浴室因为在空间内侧，并无对外开窗，为了避免封闭与阴暗，采用半高墙与玻璃隔断，让内外可以连通，开阔视觉，同时也引入采光；而床的对面为电视墙，当屋主泡澡时，除了可以欣赏窗景，也可以来场视听享受。

图片提供 © 十分之一设计

371_ **三折梯不再狭隘封闭**。别墅空间的折梯因为动线较窄且短，因此常会产生封闭感，但若完全开放又担心安全问题，对此，设计师用一片屏风式茶色玻璃面板做屏障，搭配细致铁件线条，满足扶梯功能，而淡淡穿透感则摆脱封闭，让梯间更有风景。

图片提供 © 戴鼎睿空间设计

372_ **橡木染黑镂空隔屏强化穿透效应**。餐厅位于玄关走道的左侧，以橡木染黑材质规划一道隔屏，隔屏的镂空圆形设计让视线得以穿透，玄关不过于狭隘封闭。餐厅上方天花装饰镜面并选配水晶吊灯，借由光影的投射与反射，衬托用餐空间低调奢华的风格。

图片提供 © 权释国际设计

台湾设计师不传的私房秘技 — 隔断活用设计 500

	374	
373		375

373_透明玻璃局部搭配原木暖化商务风格。商务场域的隔断突破以往的封闭式设计，此间主管办公室采用透明玻璃材质保留视觉穿透，同时可适度阻隔外界声音干扰，上方搭配办公隔断的L形照明灯，对应书柜、门片的原木质感，缓解商务空间过冷的风格。

图片提供 © 木耳生活艺术室内空间设计

374_茶色玻璃隔断与环境融合度佳。玄关鞋柜设于廊道前端成为入门端景，但因鞋柜位置与客厅之间十分靠近，于是运用茶色玻璃适度隔断。一来茶色玻璃反射刺激较低，与空间色调也能融合；再者茶色玻璃可穿透的特性，能将窗景及采光透过反射延伸到各个角落，增加空间变化。

图片提供 © 禾筑国际设计

375_玻璃屏风兼顾采光与风水需求。为了保留原格局采光良好的优点，并将光线引入室内，只好把重新隔断的书房房门转向，却导致"穿堂煞"的隐忧。利用具有半穿透性的夹金丝玻璃屏风，让光线可以游走又避免开门见窗窘境，达到美观又实用的双重效果。

图片提供 © 澄璞空间设计

376_ 区隔玄关与餐厅的几何屏风。由于空间的大门动线与视线均造成直入餐厅的窘况，但又不希望玄关过于封闭，因此，在规划上特别利用几何图形，设计出具穿透感的屏风，配合灯光的运用，让玄关与餐区有所区隔，同时也不至于太过封闭、阴暗。

图片提供 © 陶玺空间设计事务所

377_ 钱币图案传达团圆意涵。以造型隔屏将客厅和餐厅的领域切割开来，上方用中国钱币作为设计意象，传达团圆的内涵，让古典美式设计风格和东方风情有了交集。搭配具有纹路的造型线板，并运用木质和深浅不一的大理石，创造大气温润的人文质感。

图片提供 © 澄璊空间设计

378_ 创意隔屏营造英式茶馆风情。有别于一般玄关屏风的做法，以英式茶馆的窗棂为设计灵感，利用玻璃穿透材质搭配英式风格常见的绷布手法及线板装饰，创造精致的玄关隔屏，而后端餐厅的水晶吊灯更巧妙提供视觉焦点。

图片提供 © 陶玺空间设计事务所

379_ 延伸格栅确立玄关空间。由于玄关空间并无任何的区隔设计，设计师除了以梯形的地板暗示玄关位置，沿着墙面延伸的木格栅，不仅区分玄关与厨房空间，同时立面的延伸也正好配合电冰箱的摆放而不显突兀，在空间界定与功能性上都有充分表现。

图片提供 © 青田苑室内设计

376

377

378

379

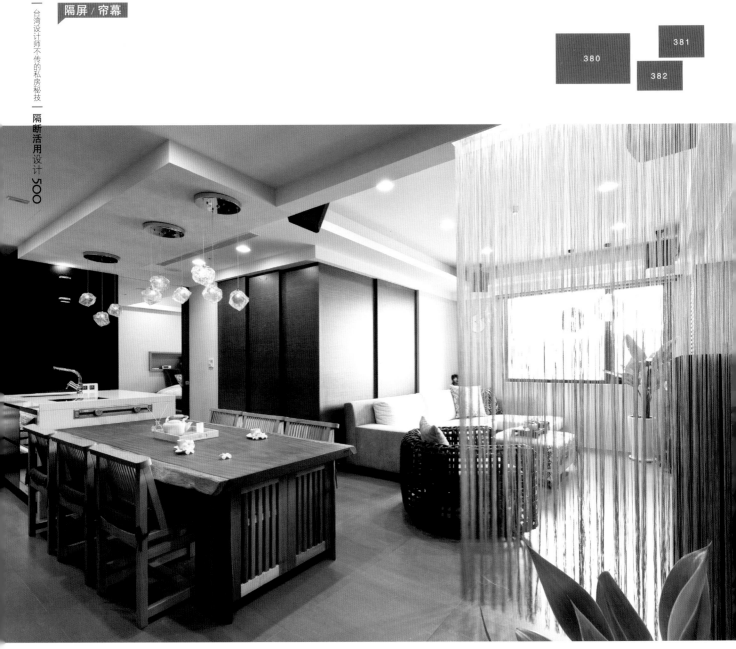

380_ **柔软穿透线帘呼应自然休闲调性。**空间不施作封闭式隔断，强调整体的开放动线来展现自然休闲风格，因此玄关与客厅仅以一道线帘区隔，达到隐性界定空间功能，却不影响视线的穿透，室外光线更能充盈满室，且柔软的线帘材质也呼应休闲风的慵懒放松。
图片提供 © 权释国际设计

381_ **锻造结合线帘展现浪漫穿透。**此空间为4.2m高的夹层屋格局，由于二楼属于卧房空间，在格局上已有区隔，因此，在楼梯交接处选择运用锻造的结构，搭配线帘的半遮掩特性，创造出浪漫又具穿透效果的隔断，以减缓封闭感受。
图片提供 © 陶玺空间设计事务所

382_ **铁件夹纱玻璃隔屏架构视觉端景。**玄关与餐厅规划为开放式动线设计，以白色铁件夹纱玻璃施做成隔屏，区隔界定空间并同时保留视觉的穿透感，且隔屏的窗帘纱图案更展演丰富的端景画面。至玄关形成对角的局部书房隔断，亦以通透的玻璃材质为主。
图片提供 © 权释国际设计

运用不同造型的天花板或地板的高低差、不同材质等，就能划分出不同空间的活动范畴。
借由不同的色彩，不仅可以增加空间的变化与层次，更能在无形中达到区隔空间的作用。

383_无疆界式地板设计。一般传统的地板设计，不同材质的衔接接缝皆置于入口处，此案打破陈规，将餐厨区的深色石材地砖，延伸进入卧房的集层材地坪之内，一来暗示由公共空间进入卧房私领域的无疆界想象，另一方面也让地面风景有了更多变化。

图片提供 © 台北基础设计中心

384_在隔断墙和天花板运用线条营造情境。这是从楼中楼的一楼处，仰望二楼隔断墙和天花板的画面。左方是弧线造型的楼梯，延伸到右边斜线交错的隔断墙，呈现有如树丛和森林的意象。天花板的凹凸线条代表钢琴键盘，凸线是白键，凹线是黑键，象征黑白键在天空流窜，伴着蝴蝶翩翩飞舞，乐音悠扬。

图片提供 © ISIT 室内设计

385_天花设计与地板素材区隔空间。在面积不大的空间中，以多层次的天花板设计，以及不同地板素材的选用，巧妙界定出客厅、书房与卧房等不同功能的使用空间。客厅区以温润的木地板铺陈；书房区延伸至卧房的空间，则利用架高地板铺上可擦洗的灰色地毯，营造舒适的阅读与寝居空间。

图片提供 © 大祈国际设计事务所

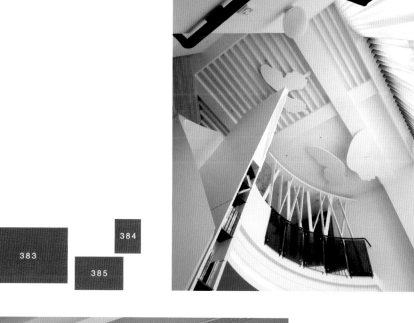

383

384

385

386

387

388

386_ **线性光带围塑出走道。** 开放空间的设计里，以材质与线条定义空间区域。桧木实木的架高地板为走道，下方内藏间接灯光。天花板则以两片木作板围塑梁位，并内藏灯光，成为线性的光带。天与地共同定义动线，并隐藏着空间的秩序。
图片提供 © 二水设计

387_ **深浅木皮与黑铁形塑休闲空间。** 在这间面海的休闲风居家空间，设计师选用北欧风的设计元素，以素白的基调，搭配浅色木纹与深色木皮及现代感的黑色铁件，在空间中交织出动人的乐章。白色让空间放大，木纹增添空间暖度，黑铁的冷冽巧妙平衡了整体设计，让人有安定感。
图片提供 © 大雄设计

388_ **绿玻璃的奇逸风情。** 在 40 多 ㎡ 的小空间中，从客厅望向书房，右侧是卫浴，左侧是书房。设计师以绿色强化玻璃区隔这两个空间，屋主特别要求门片需安装钩锁，因此辅以深色贴皮木作解决此需求，同时借此创造空间律动与穿透感。
图片提供 © 奇逸空间设计

389_ 凹折天花板的动态串联。通透的场域里铺排不同功能空间，包含书房、客厅、厨房等，设计师利用两大片板块构成的天花板和立面，形成翻转、凹折等线条，在呈现视觉张力之余也成功串联各个空间。

图片提供 © 大器联合建筑暨室内设计事务所

390_ 局部变更让天地更宽阔。隔断不仅具有区隔空间的功能，也可以让空间更富张力。设计师在局部变更楼梯方位，让动线得以在不同的功能空间中流动，并于轴心铺砌一堵灰色火山岩隔断墙与钢化透明玻璃，让整体空间更富有穿透感的戏剧张力。

图片提供 © 奇逸空间设计

391_ 灯槽+遮板整合梁线。由于屋顶不高，加上梁线及空调管路的安排，形成天花板的线条高低错综复杂，为了一劳永逸地整合屋高与梁线问题，在天花板上利用连贯全室的灯槽与遮板设计去化梁线、拉升屋高，加上墙面角度的错置展现穿透感，让空间更明快无压力。

图片提供 © 玛黑设计

389

390

391

392_ **木纹墙色增加空间量感。**在宽敞动线的公共空间中，利用木皮包覆的巨大量体做空间定位，区隔出餐厅、卫浴及客厅区域，同时此量体的木色也使开放的格局更有聚焦点。而天花板则运用微幅倾斜的遮板搭配灯光来减缓横梁的突兀感，增加光影的变化，也使空间更加通透。
图片提供 © 玛黑设计

393_ **舍弃繁复线版的法式新古典。**以圆弧木作包覆 60cm 高的巨大顶梁，借此将间接光源引入室内。具半穿透的花草图案推拉门设计，让一入此宅即可感受光影的变化之美。玄关地面以 22.5cm×45cm 意大利河床石，以人字形菱格拼贴铺砌。壁面则选用偏紫的葡萄色。
图片提供 © 德力设计

394_ **紫色柱面突显空间感。**在白色的空间中，紫色的柱面除了在视觉上让此空间有了强烈聚焦，同时也为整个室内的天花板隔断做出一个重要的串联，让梁线从阳台、书房的天花板开始，延伸至客厅、再到餐厅，而在厨房的背墙上有了紫色的终点。
图片提供 © 玛黑设计

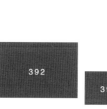

392

393

394

395 396 397

395_ 材料变化的无形界定。 考虑穿、脱鞋踏处的便利性，玄关采用易清洁的黑色木纹砖，进入内部空间后，铺面则采用钢刷橡木地板，加上原木质感的天花饰板，营造出符合起居空间的温馨感，使没有明确定义的两空间，利用材料变化而有无形界定。
图片提供 ⓒ 成舍室内设计

396_ 材质与光，成为空间边界的框。 书房天花板的黑色边框，与地板的三种材质（木地板、大理石等）界定出空间的区域。茶色玻璃落地墙后，其实是双洗面盆的卫浴大理石材质洗手台面。茶色玻璃墙边的白色边框内藏间接照明，打亮墙的边界。
图片提供 ⓒ 近境制作

397_ 地板不同材质搭配花岗石滚边划分场域。 书房与客厅的区隔，除了透明玻璃的隔断外，地板不同材质的运用也是设计元素之一，客厅地板以木纹抛光砖铺陈、书房地板则改用触感柔软的地毯，且两区地面同时以黑色花岗石滚边作为分界与点缀。
图片提供 ⓒ 权释国际设计

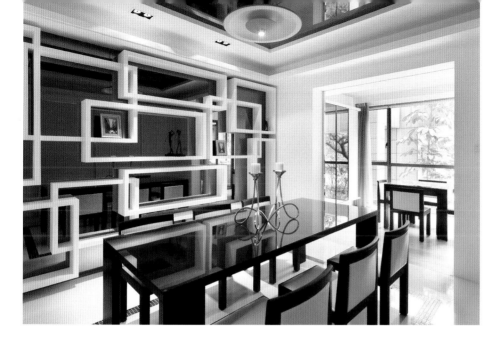

398_ **以镂空线条增加延伸想象**。北欧风住家公
共领域比例至少占整个居家１／２以上，因此将
客厅、餐厅、书房都归划在一个区块里，以凝聚
需求、增加共处与交谈机会。为增加通透感，舍
弃封梁方式改以镂空线条修饰，此举可增加延伸
想象，也大幅提升了空间的开阔感。
图片提供 © 石坊空间设计研究

399_ **门框结合天花板的界定设计**。餐厅与书房
之间的区隔，是以门框的概念为主要的隔断手
法。门框设计暗示了二个不同空间的存在，而餐
厅的天花板材质也选择镜面，一方面放大餐厅空
间，另一方面也以材质的独特性界定空间。
图片提供 © 演拓空间室内设计

400_ **运用梁位与共同材质定义区域**。空间的区
隔，未必要用实墙。巧妙运用天花线条，也可以
定义出空间的区域。在这个空间里，包覆不锈钢
的梁与梁下的一座电视矮墙，就是隐约定义空间
区域的元素。梁的不锈钢线条向下转折于壁面，
给予电视矮墙更稳定的存在理由。
图片提供 © 近境制作

401_ 仰望一方深邃墨色。为了争取空间高度，餐厅天花最低处，利用有限的钢骨结构处设置灯光，其余的照明则安排在立面或地面上，满足不同光源需求。天花贴覆墨色镜面材质，通过反射、放大、延伸，呈现深邃暧昧的色彩趣味。浴室隔断则使用玻璃门片，有效降低压迫。
图片提供 © 台北基础设计中心

402_ 纳入玄关让窗景不中断。由于连续窗面正对公园（图左侧），设计师利用将玄关纳入空间的手法，让内部的餐厅共享景致，而区域则利用约略架高的盘多磨地板与客厅稍稍分离，但视觉却是双向开通，可穿过茶色玻璃推门，一直延展进入主卧区域。
图片提供 © 成舍室内设计

403_ 让视线跳跃的柜。空间底色为染黑橡木，立面部分则是木色的自由发挥。淡色木皮让大型餐柜即使置顶天花，也丝毫不感觉到压迫。玄关与餐厅之间，则以黑铁与梧桐木盒搭配，极为新鲜抢眼。极具创意的收纳展示柜，化解了传统柜体的呆板厚重印象。
图片提供 © PartiDesign Studio 帕蒂设计工作室

台湾设计师不传的私房秘技　隔断活用设计 500

404_ **既独立又与外界连接的区隔**。天花板的线板其实是一个框，框住了客厅的区域。地面材质的变化－人字拼贴木地板与米白色地砖定义了客厅与走道。木地板一路进入书房，虽与客厅以实墙为隔，亦让书房空间与客厅相互融合。适度的透明玻璃开口，让书房也与走道产生连接。
图片提供 © 近境制作

405_ **省略玄关，减少暗区块**。循着有功能才有物件的原则，设计师不刻意营造暗区块，因此省略不必要的玄关区隔。利用地板元素变化区隔客餐厅与厨房关系。以樟木防潮柜作为玄关边桌，里头可收纳屋主收藏的大画，同时也方便屋主改变陈设。
图片提供 © 十分之一设计

406_ **结合练舞室的和室客房**。屋主的女儿喜欢跳舞，以舞台为概念设计和室，满足家人同欢的需求。门片采用双面材质，分别为烤漆玻璃与镜面，练舞时可用来观察肢体动作，而衣柜结合把手可用来拉筋；当作为客房时，门片可 360° 旋转，让烤漆玻璃面朝内。
图片提供 © 邑舍设纪室内设计

407_地板材质与天花高度定义区域。接续室外的透明玻璃落地门内的地板采用大理石材质，结合高耸的木作开放收纳柜，让此区域成为室内外的模糊地带。从大理石地板进入木地板区，上方并以较低天花高度定义区域，就是正式进入室内空间。墙面的横向木柜串联两处区域。

图片提供 © 近境制作

408_和室墙面材质的变化运用。地板架高的和室，采用透明玻璃为墙、透明玻璃折拉门为出入口，门的深色边框突显其存在感。和室墙面的边框、架高地板的边框，采用与木地板同色材料，进入和室后，地板才转换另一种材质，让和室能够与外部空间和谐交融。

图片提供 © 近境制作

409_ **地板切割 区域分野更明确**。许多开放式空间在地板规划上会采取统一做法，这是为了延续视觉感，避免过多切割削弱了连贯性。不过，对于立面上量体存在感明确的空间来说，将不同区域的地板做出划分，反而会因层次差异而显宽阔，也会让格局更方正。
图片提供 © Fantasia 缤纷设计

410_ **夹层上，从天而降的收纳层架**。以灰色玻璃为主的楼中楼空间，大量运用具有反射特性的灰色玻璃，让空间相互映照，拉大空间感。双层灯具的灰色玻璃背后是主卧，另一道墙的明镜映照空间景深。夹层的收纳柜从斜屋顶的天花板悬吊而下，带出空间变化的视觉趣味。
图片提供 © 近境制作

407

408

409

410

411_ 上下、内外的亲密交流。 梯座单侧支撑的特殊力学结构，从下往上仰望，转折的排列形成韵律；由上往下看它，像是踩着整齐步伐的骨牌。空间几乎无隔断的设计，创造内外亲密互动交流。玻璃折门让视野往外无限延伸，而由阳台伸入室内的木地板，则将户外绿意导引入内。
图片提供 © 台北基础设计中心

412_ 柱子串联成灵感的线。 半新的建筑中保留大部分既有结构，为了将空间散落四根柱子的缺陷转为优点，以大幅绘画的创作概念，将柱的点变成灵感的线，柱身局部运用染色栓木延伸成不同的 L 形状，四柱之间向上构成如天井般的效果，与集层木地板共同强化场域分界。
图片提供 © 水相设计

413_ 楼中楼空间气度的最佳演绎。 针对楼中楼设计，设计师运用 10mm 钢化透明玻璃区隔，不破坏建筑物既有的完整，不论动线到何处，这里都是全家的生活重心。厨房与餐厅间用备餐吧台加以区隔，在功能与美感间得到最恰到好处的融合。

图片提供 © 形构设计

414_ 折角设计减缓屋高问题。 为了藏入空调管线，而将过道上的天花板做下降设计，并运用立体的折角造型，巧妙地让视觉落在上升的角度较高点，缓减屋高问题；另外，将低梁再转折至墙面切齐书桌，使空间的线条与比例更有型。

图片提供 © 玛黑设计

415

416

417

418

415_ 天花的错层高度。挑高 3.6m 的小面积空间，夹层与下层，哪一个高度应该比较高？这是规划空间时的首要思考。客厅进入主卧书房的动线频繁，将天花抬高，夹层的次要书房成为抬高地板；另一边的主卧床的天花则降低，将高度给予夹层常用区域。
图片提供 © 游雅清设计工作室／C&Y 联合设计

416_ 外面拉近来，里面推出去。设计师运用建筑商预留的白色抛光石英砖，而从玄关一路到户外阳台，采用黑色抛光石英砖替代之，创造出一个 L 形路径，让整体空间室内与户外两两呼应。电视柜与客房间预留一道缝，增添空间的穿透感。
图片提供 © 德力设计

417_ 考量使用属性配置木地板。依照空间属性不同，利用架高木地板区隔，如为清洁方便的厨房与玄关规划为同一区块，保留抛光石英砖铺面，而书房、客厅、和室等空间配置于木地板区，充满软调休闲感。和室利用双面推拉门可变身为客房。
图片提供 © 明代室内设计

418_ 天花造型与地板材质区隔空间。在开放式的客、餐厅，以天花板造型及地板材质区隔不同的使用空间。客厅和书房区以温润的直纹木地板铺陈；餐厅区则选用雾面抛光石英砖。到了卧房区，地面又以横向拼贴的木地板，宣告空间转换。客厅和书房以大小不同的方形天花板勾勒空间；餐厅区天花板则与结构梁高度齐平而下降。
图片提供 © 大雄设计

419_ **以楼梯空间区隔空间**。设计师利用通往二楼的楼梯下方空间区隔客厅与厨房，此外依着阶梯延伸至一楼地板，借由玉檀香区隔两个区域的大理石地板。特别一提，楼梯下方的空间运用天花板间接光源，另辟仿如大树一般的储物间。
图片提供 © 德力设计

420_ **弱化梁柱压迫，创造开放动线**。整体设计以自然为导向，餐厅天花板以木皮处理，营造北欧风格自然木感，横亘客厅的过梁也以木质修饰，加上超白烤漆玻璃材质的电视主墙，勾勒出前后空间。电视主墙结合柜体、吧台等功能，颠覆墙体将空间一分为二的概念，反而成为双向活动的集中处。
图片提供 © 成舍室内设计

421_ **去除多余层次达到延展效果**。不同的地板铺面延展至小孩房及主卧，划分出公领域与私领域，而小孩房借由玻璃与卷帘，维持通透性以增加空间尺度，空调设备和灯光运用天花板空间一并整合，去除多余线条与层次，加强利落连贯的视觉感。
图片提供 © 成舍室内设计

422_ **运用3D造型天花串联横轴**。客厅主墙面以多种材质构成，以混凝土墙作为黑镜电视墙背景，破格伸出的电视墙将视觉延伸至后方廊道，而以3D概念设计的天花板，于横轴上串联起客厅与餐厅空间。
图片提供 © 成舍室内设计

419
420
421 422

423_**立体有层次的"白"**。不玩色彩混搭，而是利用材质做层次变化。如日式屋瓦堆叠的大面积白色墙，木作造型加白色烤漆做出立体视觉效果。墙底下嵌入小方块黄灯，在夜晚幽微地映照脚下步伐。即使是色彩单纯的白，也隐藏了极为细腻的贴心设计。
图片提供 © 水相设计

424_**用穿透阳光谱写绿意奏章**。登上夹层的楼梯，特意设计成镂空与直立扶手搭配。除了要配合轻量化主轴概念外，钢构铁件利落生硬的线条，通过植栽与碳化木阶梯的铺陈，共构出明快却富有生机的空间，也自然地界定场域，成为饶富特色的隐形隔断。
图片提供 © 竹工凡木设计研究室

425_走道板岩砖对比书房木质地板。书房左侧与前方分别为客厅与客用卫浴，分别以玻璃与梧桐木滑轨拉门区隔，除了以立面呈现隔断设计，通往客用卫浴盥洗面盆区的走道地板为板岩砖，不同于书房的木地板质感，当拉门敞开仍可达到区隔场域的效果。
图片提供 ⓒ 权释国际设计

426_木色让心情变暖。屋主不喜欢铁件的冰冷，希望居家风格简单中透着精致扎实质感。书房以木质拉门与开放书柜作为区域分界，温润的橡木色与纯净的白，是空间中唯一的色系。甚至连木皮在染色处理时，都刻意与橡木地板相仿，将空间色彩精简到最少。
图片提供 ⓒ 水相设计

423	
424	425
	426

台湾设计师不传的私房秘技 — 隔断活用设 500

427

428

429

427_**大地色系建材丰富视觉层次。**在开放式客、餐厅之间用黑色薄型板岩做分界屏障，石材独有的纹理质地成为开放空间一大焦点；搭配烟熏橡木地板饱满的原木色暖化气氛，让梁架简洁的白底住宅，能因大地色系建材丰富视觉层次，成就无法替代的自然品味。
图片提供 © 禾筑国际设计

428_**点、线、面，环环相连。**∏字形的木质线条，由天花转折成为梯座结构，刻画出无形的客餐厅领域分界。通往二楼的腾空阶梯，特意的角度转折颇有张力，并且一路环环相连，构成完整的几何线性空间。除了线之外，面的元素表现在方砖组成的电视墙，大面积向上延伸，拉抬挑高气度。
图片提供 © 芮马设计

429_**苹果绿地毯界定客厅位置。**虽然没有实体墙面的区隔，但是沿着横梁的线条及家具的线索仍可清楚界定正、副客厅，并且借苹果绿色的大片地毯做色块来标明空间范围，而天花板与地面上下呼应的隔断设计则让视野保有宽广度，甚至可穿越副客厅直至佛堂区。
图片提供 © 玛黑设计

台湾设计师不传的私房秘技

隔断活用设计 500

430_ **隐藏梯下畸零角落**。楼梯下方的畸零空间设计为储藏室，将出入口隐藏，并且刷上亮眼的红色油漆，成为整体空间的主墙。冰箱收纳的柜体背面为玄关鞋柜，利用柜体双面收纳，同时也区隔出玄关。
图片提供 © 邑舍设纪室内设计

431_ **客厅化身舞台**。客厅以左右对开的折拉门区隔后方空间，当拉起时，前后空间各自独立，后方可作为儿童游戏间，而地板架高的设计是考虑将来举办活动时，可以作为临时舞台，而前方红色沙发空间则作为观赏区。
图片提供 © 邑舍设纪室内设计

432_ **大胆跳色设计展示墙**。将两空间打通设为卧房，原本格局拆除留下一道短墙，宽度不足部分，利用 H 形钢加强整体线性关系，墙面大胆漆上红色制造展示墙效果。此外墙面也界定出通往主卧与书房的双向动线，其背后加上穿衣镜，兼具更衣室功能。
图片提供 © 尤哒唯建筑师事务所

433_ **垂直延伸的展示墙**。楼中楼上层的开放空间主要作为家人共享的书房，红色墙面延伸自一楼餐厅的主墙，在灯光照射下成为空间亮眼的展示墙，并且遮挡梯间，维持空间纯粹性。
图片提供 © 邑舍设纪室内设计

434_ 不同高度天花板达到空间区隔效果。 客厅、餐厅与工作区皆不用实体隔断墙区隔。除了利用柜体与家具隔断外，设计师刻意循着结构梁的线条切割出客厅与工作区两个不同空间的天花板设计。餐厅区则以结构梁的深度，拉低天地间的距离，让空间高度在这里自然地降下，也让家人用餐时的关系更紧密。

图片提供 © 大雄设计

435_ 分隔中又有连接感的天地设计。 利用地板面材区隔玄关和客厅，玄关地板是用抛光石英砖，给人明亮干净的感觉。客厅选用海岛型木地板，营造温暖氛围，增加空间情趣变化。玄关天花板和客厅大梁齐平，两区墙面均采用钢刷木皮，接近转角处以黑色烤漆玻璃收尾，安排灯带轴线贯穿两区，让两个空间在分隔中又有连接感。

图片提供 © 牧思室内设计

434 435 436 437

436_ 融合多种素材的天地门墙。 具穿透性的玻璃扶手楼梯后方，是莱姆石搭卡拉白大理石墙。上来之后左边是锈石墙，右边是喷灰墙壁和隐藏门。此处带华丽现代感的橡木天花板，搭配具稳定放松感的柚木地板，十分协调。天花板和地板均采用木质，交错搭配大理石墙和灰墙，一休闲一利落，令空间不致显得陈旧。

图片提供 © 金湛设计

437_ 舍弃方正的雕塑空间。 雾丝面塑铝板的天花搭配水泥墙面，创造迥异传统、如雕塑般的空间。设计师以各种线组合条如不平行的线、斜角、三角等，构成视觉流动的感受。雾面玻璃墙区隔主卧与客厅，并借由地板抬升暗示公私领域的转换。两侧开放的环形动线，进出不受限制。

图片提供 © 芮马设计

438_ 镜面反射界定餐厅空间。开放式的设计手法是现在大部分的房屋常见的形式，由于考虑到原有的屋顶较低，设计师在餐厅的天花板使用了大面积的镜面，一方面借由反射效果放大空间，另也有界定空间的效果。
图片提供 © 演拓空间室内设计

439_ 层次有序的隔断墙。石墙与地砖的色彩是玄关与室内的界定设计，从画面可以发现空间借由客厅的镜柱、玄关的石墙及右侧深色木墙的变化，使每个空间定位更清楚，此外，在细节上也可注意到在公私领域之间特别借助地面高度差做出示意，同时在墙面安排小灯增加安全性。
图片提供 © 戴鼎睿空间设计

440_ 为个性空间发声。墙上一幅牙买加知名雷鬼乐手鲍勃 马利挂画，为个性空间增添艺术人文气息。地板用水泥调黑之后抹平，作为衬托空间的底色。中间浴室的玻璃隔墙，下方喷砂、上缘则保持清透，洗手台左侧的地板稍稍架高之处，同时也是卫浴入口。
图片提供 © 艺念集私空间设计

441_ 以天花板界定睡眠区域。在主卧空间的设计中，由于和浴室规划为一个整体，但为了更加强调出睡眠区域的完整，设计师在天花板的设计上以细腻的线条界定出了床铺的区域，维持睡眠区的独立性。
图片提供 © 玉马门创意设计

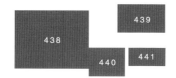

442

443

444

445

442_ 以原木装点空间。屋主为从事园艺景观设计的专业工作者，其工作区域的主墙面钉上樟木实木切片，搭配南方松木地板，通过表现木头材料的本质，来呼应屋主的职业特点。
图片提供 © 尤哒唯建筑师事务所

443_ 多重功能尽在一道木作柜墙内。长形玄关沿墙配置多功能的木作柜。图右，上方为展示区，下方设鞋柜；柜体左边有道可收纳大衣的长柜，下半部则放置了穿鞋椅。由于玄关进客厅处有粗大梁柱，因此贴覆同材质的钢刷山形纹栓木，遮住梁柱的突兀感，也延伸了玄关的空间感。

444_ 用创意让木地板化为精彩壁面。书房侧墙，用两种花色的海岛型木地板拼出充满律动的线条。深色铁刀木、暖黄色柚木，手工钢刷的表面呈现出天然肌理。组合时，留意板材之间的配色是否和谐。由于木地板表面有耐刮磨等处理，不怕碰伤，清洁也很容易。
图片提供 © 品桢室内空间设计

445_ 挑出平台整合客厅。和室地板向外挑出，作为客厅沙发底座，使平台空间与客厅融合在一起。在必要时为了让和室也可以作为客卧，利用双边拉门 / 折门区隔，平常可推 / 折收入墙边隐藏起来，而和室墙面（沟缝处）则隐藏下掀床。
图片提供 © 无有建筑设计

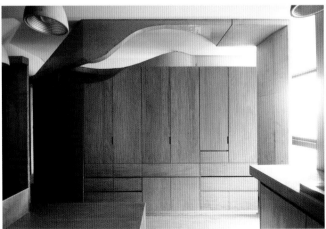

446_ 白色、绿色、木色的和谐。 延伸的造型木天花，将分列走道两侧的餐厅与厨房区域串联起来。为了不让木材大量使用而显得沉重，壁面特别以白色文化石与绿色墙，搭配出休闲美感。简单利落的层板收纳架，让餐厅不只是吃饭的地方，同时也是阅读与展示空间。
图片提供 © PartiDesign Studio 帕蒂设计工作室

447_ 打破隔断绝对性。 空间的区隔不再是绝对性，设计师将所有隔断以连贯性的墙取代，建立模板后灌入高流动性的混凝土，重新界定空间概念。墙以两段式施工，上方结构在工厂绑筋后二次灌入，三维变化造型呈现曲线脱开，让空间可以自由分享光影。
图片提供 © 枫川秀雅室内建筑研究室

448_ 烹调美味的温度。期望在无压的生活步调里，慢慢烹调美味，因此厨房运用木元素做出天花包覆。选用钢刷处理的梧桐风化木，木色与山形纹理，让空间更有温度。备餐料理台则以较好清理的系统板材与栓木皮贴覆，下方配置料理瓶罐的收纳空间。
图片提供 © PartiDesign Studio 帕蒂设计工作室

449_ 吧台是区隔空间的良方。设计师不仅以紫檀深柚木色木地板与意大利进口白色仿古砖区隔客厅与餐厅，此外更利用人造石台面洗水槽辅以指接胡桃木实木贴皮平台，区隔烹调与膳食两个不同的场域。虽是区隔却可以创造更多居家生活互动。吧台下方采用缅甸柚木实木地板包覆。
图片提供 © 德力设计

446

447

448

449

450_ 栓木天花修饰梁线。 为了不让空间过于浅白而轻飘，设计师以栓木皮贴覆，让天花板像是穿上一件自然风的外衣。栓木天花既具有界定餐厅区域的作用，也有修饰建筑梁线、减缓高低落差效果。同样的栓木元素，还可在吧台与壁面展示槽内看见。

图片提供 © PartiDesign Studio 帕蒂设计工作室

451_ 一折再折的滚边装饰。 客厅与书房的隔墙，下半部为木材质、上半部则为透明玻璃。沙发背靠的高度恰是木与玻璃衔接之处，此处以染黑橡木打造一个小平台，可展示小型收藏，或随手摆放未阅读完的书。台面沿着玻璃上折转往壁面，并再转 90° 向天花板延伸，一路连贯包覆，如同深色滚边。

图片提供 © PartiDesign Studio 帕蒂设计工作室

452_ 冷暖冲突下的平衡。 餐厅通往卧房的过道区域，以粗犷原始的清水模，以及纹路鲜明的原木墙，调和出既冷静又温暖、既冲突又平衡的美感。墙的木皮材质由客厅背墙延续而来，内部其实是隐藏式的收纳柜。清水模墙上其实也有一道隐藏门，通往后方的卫浴空间。

图片提供 © PartiDesign Studio 帕蒂设计工作室

453_ 整合过梁界定三向空间。 和室与客厅过渡地带的天花板因有过梁问题，利用天花板加宽，同时解决空调管线与结构问题，并且界定客厅、和室与餐厅三者关系，也隐喻廊道的意象。

图片提供 © 无有建筑设计

台湾设计师不传的私房秘技

隔断活用设计 500

454_ 重新解构天花。舍弃天花封板，让管线清楚外露，呈现空间自由开放、不再压抑的休闲精神，大胆切割的风化梧桐木吧台，沿上方梁柱延伸出另一个个性化的平面。客厅与餐厅地板则为雾面石英砖，并以锈铁石英砖作为厨房地板材质衔接。

图片提供 © PartiDesign Studio 帕蒂设计工作室

455_ 大器平面的无间道。客厅天花板平封处理，与餐厅形成一整体的开阔平面。后方的和室空间架高手法，以推拉门为隔断，横亘的大梁以加宽手法整合空调体积，隐含通道意义。地板下方隐藏桌面，当多人聚会时可作为泡茶区。

图片提供 © 无有建筑设计

456_ **漂浮空中的小屋。** 书房隔墙采用风化梧桐木与透明玻璃，光线穿透两区带来舒适亮度。为了与壁门的梧桐木色搭配，书房地板选用浅色超耐磨木地板，同时也可与客厅染黑橡木做出区隔。特意架高并做出与地板间离缝感的开脱设计，书房仿佛被施了飞行魔法，成为漂浮空中的小屋。
图片提供 © PartiDesign Studio 帕蒂设计工作室

457_ **高度、宽度都吉利的风水墙。** 对于讲究风水的人来说，居家空间中的高度、宽度，最好都要能符合尺寸上的吉利数字。在经过仔细地测量后，造就了玄关处的风水墙，墙面搭配间接照明，并结合收藏品的摆设布置，让蕴含风水意义的墙又多了几分古朴玩味。
图片提供 © 观林室内设计

	454	
455	456	
		457

458_ 上下连贯对应。 餐厅与玄关之间利用天然大理石构成的框体区隔，而框体下方直接结合玄关柜，并横向延伸为长形餐桌，而客厅与和室则利用两大块面的高低天花板，对应架高地板，形成整体区域界定。和室推拉门可收在短墙内，并且遮挡住卫生间的出入口。

图片提供 © 无有建筑设计

459_ 视点消失延伸空间。 由于屋主收藏许多食谱及其他书籍，客厅与餐厅采用整合设计，加长的餐桌除了宴客外，也可作为书桌。由于空间拥有一个宽约 60cm 的大梁，于是利用斜板天花修饰，同时在餐厅上方消弭锐角，使视觉延伸。利用墙面内凹设计红酒柜，同时拉齐立面。

图片提供 © 十分之一设计

460_ 木怀抱的舒压眠梦。 为了与公共空间做出区隔，私领域的睡寝区以超耐磨地板架高，地板的浅木色为白净空间里增加了层次。床边搭配风化梧桐木小柜，作为收纳兼点缀。壁面临窗处的高低差平面，较高处为化妆桌，低台度则是平常休闲时小憩、阅读的卧榻。

图片提供 © PartiDesign Studio 帕蒂设计工作室

461_ 块面的延伸运动。 考虑到和室空间将来可作为小孩房使用，利用双向门片灵活区隔空间，而衣柜则以隐藏手法整合于立面之中。架高木地板成为客厅沙发的基座，并且延伸至窗边成为卧榻区，可灵活使用的块面处理，同时具有动线延伸的意涵。

图片提供 © 无有建筑设计

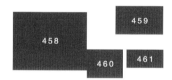

462_ 利用现成结构区隔空间属性。 针对顶楼空间，设计师运用现成建筑结构横梁进行空间界定，安装一盏吊灯，配备一张书桌、几张复古单椅。地板则以抛光石英砖及超耐磨地板将空间区分成两大区域。坐在这里可享受顶窗洒下的满满阳光。

图片提供 © 形构设计

463_ 省略零碎空间，呈现大气质感。 客、餐厅采用胡桃杉木纹实木地板，而厨房则选用中灰石，利用铺面变化区分空间，使连通之中富有层次，减少零碎空间，彰显自然宏大的气韵。以实木剖面作为餐桌，搭配明清官椅，在巧妙手法下，营造出古典与现代合一的风格。

图片提供 © 十分之一设计

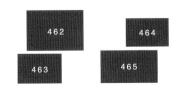

464_ 沟缝与嵌灯强化区域连动。书房与客厅处于同一个水平线上，但考虑到天花板较低、梁柱压迫等问题，故以间距排列沟缝来强化与客厅间的联动。灯光部分以嵌灯为主，并舍弃间接灯照，使天顶更为高挑。搭配拉门的开关增加使用弹性，让空间感更显自由。

图片提供 © 川济设计

465_ 以天花造型与层次区隔开放厅区。厅区场域规划为开放型，由沙发、餐桌椅等家具和其他装饰的款式与色系营造现代古典特质。融合美式线板元素的天花外框一体成形，强调客、餐厅完整感，内部则以不同几何线条、块体造型展现天花层次与空间区隔。

图片提供 © 权释国际设计

466

467

468

469

466_ 灯具与造型界定不同空间。由于客、餐厅采用开放式的设计概念，无隔断的做法让空间定位更显重要。设计师分别在阅读区配置了具有独特造型的主灯与吊灯，不仅丰富空间的装饰性，同时也暗示了不同空间的位置，隐喻空间的区隔。
图片提供 © 青田苑室内设计

467_ 多种元素确立空间分野。在玄关与休憩区之间的空间区分上，设计师利用不规则形的墙面区隔空间，这种不规则的特性亦出现在天花板的造型设计上。除此之外，地板材质以黑白两色的抛光石英砖区分空间，让空间维持宽广之余也带有明显的分界。
图片提供 © 青田苑室内设计

468_ 地面材质界定内外。在玄关处借瓷砖与木地板的不同地面材质来清楚界定内外格局，再搭配半高的玄关屏风柜以及灯饰让视野更有穿透感与层次感；另一方面，在天花板部分也以简单的高低差做出区隔。
图片提供 © 绝享设计

469_ 利用梁柱结构界定空间。由于格局非完全的正方形，为了让空间能更有效率地使用，设计师利用了客厅与餐厅之间原有结构中的大梁结构，搭配了地板不同的材质，如瓷砖与木地板，以界定出餐厅与客厅空间。
图片提供 © 杰玛室内设计

台湾设计师不传的私房秘技｜隔断活用设计500

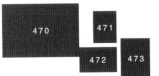

470_同色，让门片隐入墙面。以纯然的白色调为主轴，空间显得轻盈洁净。立面红砖漆白，作为连贯墙面视觉元素。白色钢琴烤漆横拉门后方为书房，与空间同样的白色调给人模糊暧昧感，乍看之下拉门仿佛隐然融入墙中。玄关空间则借深色柜面界定入门区域。

图片提供 © 台北基础设计中心

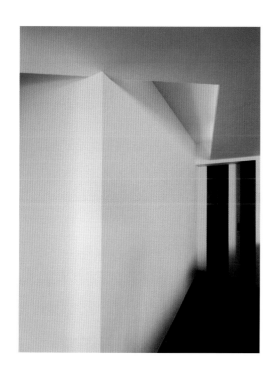

471_ 和走道动线一致的天花板线条。右侧拉门后是厨房和吧台，从厨房拉门上方的天花板，拉出一道 L 形线，穿过墙壁转角处，延伸至另一端，与走道的动线，形成一致的连贯性，形成高低起伏的层次感。看似不起眼的白墙和天花板，仅仅以留白出现，同样可以衍生丰富的想象空间。
图片提供 © ISIT 室内设计

472_ 与日光共享片刻静谧。大面积的纯白色调中，黑色床架与地毯，让白色空间看起来更显净白。去除多余装饰，善用大面落地窗向外撷取美景，自然地带出一股无压舒适气息。通过百叶分隔室内外空间，叶片可上下分段、左右分区调整角度，自由控制调节进入室内的光源。
图片提供 © 尚艺室内设计

473_ 创造想象，延伸天地。只有半高的对外窗，利用做到顶的窗帘制造延展感，并省略窗帘盒直接将窗帘轨道设于天花上，简约而不做作。房门入口处为隐藏空调采用斜板天花，具有视觉拉伸效果，衣柜以同样色系拉门隐藏，搭配法式古典床，营造出现代与古典交错的温暖感。
图片提供 © 十分之一设计

474	475
	476

474_ 分区明确的垂直动线。小面积住宅为了争取使用空间，通过不同垂直高度的设计，打造分区明确且功能重叠的生活场域，由下而上序列为地板、台阶、通道、餐桌，并通过楼梯位置的安排，作为进入主卧、浴室、书房及工作室的动线分流，让移动路线流畅自由。
图片提供 © 台北基础设计中心

475_ 明暗光影提供隐形隔断。利用天花板的低梁发展出几何高低的造型设计，再搭配灯光沟槽的设计运用，让天花板展现出一明一暗的渐进层次，再与窗帘呼应，如隐形隔断般自然形成餐厅、副客厅及主客厅的分区效果。
图片提供 © 玛黑设计

476_ 不同空间的交集点。主卧与主卧书房之间，以一座宛如条形码般的墙为隔。白色"条形码"与天花板同为漆白橡木纹木条或木板，深色的部分则是书房的收纳柜体。延伸空间的天花板与书房柜体的两种材质，共同出现在这道区隔空间的墙面上，让被分开的空间在此产生交集。
图片提供 © 近境制作

477_ 刻意降低玄关地板突显空间转换。玄关与客厅之间施作一道橡木染黑ㄇ字形框架量体区隔，且下方以同宽的金峰石对应门框造型。玄关地板周边以马赛克滚边装点，并刻意降低与客厅形成高低落差，不仅突显场域转换，也具备室外灰尘不易进入室内的功能。

图片提供 © 权释国际设计

478_ 刻画时光痕迹。建筑立面有许多开窗，以各种不同大小比例的长方形，引入来自各个角度的光，并借光来形塑空间表情。露台外的铝制格栅，与空间内水滴曲形的白色隔屏相互辉映，如同抽象表现主义的画家，将跳跃的时间痕迹刻画于眼前。

图片提供 © 水相设计

479_ 引光入室创造空间的立体感。介于两个空间中间，设计师采用木作激光切割外加金属色喷漆，制作一道隔屏与客厅相隔，同时将光线引入此走道空间。走道地面采用超耐磨地板，楼板下因横梁与空调管线，则以木作辅以线板创造过道空间的风景。
图片提供 © 尚展空间设计

480_ 激光切割图案风情。玄关地面采用灰色大理石材铺砌，与客厅隔断用木作激光切割出图案，辅以牙色喷漆，维持空间的穿透感。客厅室内采用超耐磨地板铺设，创造出一室的明亮而高雅的待客空间氛围。
图片提供 © 尚展空间设计

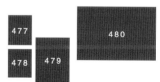

481_ **在软调中注入对称理性平衡**。以透明玻璃作为隔断材质，不论从哪个角度观看，客厅与书房窗外那片绿都能完整串联在一起而不被分割。在软调感性的自然意境之中，注入理性设计分配作为平衡，包括冷调的反射材质，以及两个"口"字的对称天花造型，不但让挑高更高，同时也清楚暗示两个不同空间的分界。
图片提供 © 光合空间设计

482_ **黑镜天花让空间更具流动性**。倒L形黑色镜面修饰天花平面，下方对应平行的黑钻石吧台与不锈钢餐桌，通过色彩、材质作为餐厨区框架暗示。倒影在黑镜上反射、悬浮、低回，让空间更具流动性。与书房之间，采用直纹玻璃搭配液晶灯，夜晚的居家灯光摇曳生姿。
图片提供 © INTERIOR INK 墨线设计

483_ **米格灰大理石与镜面构筑隐形隔断**。米格灰大理石从地板延伸到墙面，再由镜面转折至天花形成一倒U形，是开放客、餐厅场域的无形隔断。玄关与客厅的区隔以一道Π字形铁件框架为主体，两侧镶嵌与大理石同宽的茶色玻璃，搭配知名水晶玻璃吊灯，中间镜面钢板台面则可放置收纳物件。
图片提供 © 宇艺空间设计

484_ **大小板块角色扮演**。垂直动线利用不同大小的板块设计，同时扮演楼梯、餐桌、书桌的角色，行走其间，每一个平面都能带来不同高度的家中风景。动线转折之后，产生柳暗花明又一村的空间关系，分别通往男女主人各自独立的书房、工作室兼客房空间。
图片提供 © 台北基础设计中心

485_连动式拉门设计呈现半开放和室。运用架高木地板的概念突显场域的转换，规划成和室兼书房的双重功能，内部配置和风调性展示柜；以铝框结合透明玻璃设计成连动式滑轨拉门，将拉门收起可呈现 L 形的半开放空间，可视状况需求任意调整。

图片提供 © 权释国际设计

486_ 壁纸与白橡木突显不同区域功能。主卧床头上方一道弧形量体化解压梁问题，同时搭配灯光，演绎光影层次与照明功能。床头主墙为带有光泽感的珍珠白壁纸，右侧则是以白橡木规划而成的梳妆区，简约的主卧设计结合色彩与材质的差异，区隔空间不同功能。

图片提供 © 权释国际设计

487_ 秋香木搭衬皮革绷布强化床头主墙。宽敞的长形主卧除了规划睡寝区，亦于主卧增加了休闲起居功能。整体设计强调开放质感，床头主墙两侧以浅色秋香木搭衬深色皮革绷布自成一区；一旁的休闲区壁面则铺陈浅褐色壁纸结合帝诺石台面，强化置物功能。

图片提供 © 权释国际设计

488_ **解除暗房危机的设计**。位于顶楼的房间原本采光效果不佳,设计师将原本阴暗的阁楼,设计局部挑空,让光线可以从前后开窗进入。而主卧卫浴采用磨砂的玻璃作隔断,上下空间的楼梯经过轻化,空间统一以大理石铺面界定区域。
图片提供 © 明代室内设计

489_ **蓝白配的自然朝气**。空间墙面的色彩,用了蓝与白作为搭配。床头的蓝色,浓厚而不显得黯淡,充分展现出生活朝气。而床尾的壁面,其实隐藏通往卫浴的暗门,木质门墙上的白,特意制造出不均匀的仿旧质感,让空间颜色变化更有味道。
图片提供 © PartiDesign Studio 帕蒂设计工作室

490_ **蓝与黑的狂野变奏**。小套房空间较为狭促,可利用全开放式规划来拓展空间视觉感。将电视主墙与床头刷上湛蓝墙色,以区隔不同功能属性。色调一致的主墙带来设计延续感,但在片面衔接的墙与墙上,则用笔触较粗的黑色弧线,挥洒出狂野奔放的律动感。
图片提供 © AI 建筑及室内设计

491_ **为暗房引入光线**。斜板天花修饰床头收梁,利用梁下空间设计结合边桌与拉抽多功能床头柜,上方烤漆玻璃门板加上梅花剪影,成为空间焦点。由于卫浴空间没有对外窗,隔断墙局部刻意采用透明玻璃,引入自然光线,收边以金属条框为处理。
图片提供 © 十分之一设计

492_ 对比色激发公共区活力。 开放式客、餐厅利用蓝色和红色两种对比，激发出公共空间活力。靠近餐厅处有一道横梁贯穿，天花也因结构高低不平，除用圆形天花呼应圆桌外，另将客厅左侧天顶也漆成淡蓝色，让白色天顶成为中轴，使空间重心不偏移。

图片提供 © Ai 建筑及室内设计

493_ **前进色与后退色**。从厨房经餐厅望向开放书房。设计师以高 85cm 的工作台区隔厨房与餐厅，同时辅以高 110cm 隔墙，遮蔽杂乱的厨房空间。餐厅壁面采用前进色的鹅黄色，书房则采用后退色的咖啡色，一前一后，创造出空间丰富的层次与立体感。

图片提供 © 明楼联合设计

494_ **L 形矮隔屏兼顾造型与修饰功能**。空间角落的吧台立面运用水泥板材质呈现，搭配松木台面彰显此区休闲放松的功能性与自然质朴的风格，右侧延伸吧台水泥板材质至地面构成一道 L 形半高立面，不仅是表现造型层次与空间感的存在，亦蕴涵了包覆管线的装饰功能。

图片提供 © 木耳生活艺术室内空间设计

495_ **游戏室一秒变客房**。天花板挑空与地板架高对应，在全然开放空间中定义出具有独立个性的和室，吊轨式门片可自由推移，全然开启时可作为小孩的游戏场所，也方便父母照看小孩，当有访客时也能作为客房使用。

图片提供 ⓒ 力口建筑

496_ **银黑展现出低调奢华**。拉大的玄关区，新设的隔断墙仅以银箔来展现屋主喜爱的奢华感。墙面镶嵌垂直的黑色扁铁，通过线条来增强简约壁面的丰富性及空间层次。量身定做的玄关柜，以铁刀木搭配黑色亮面烤漆，带出优雅、沉稳的门面形象。
图片提供 © 品桢室内空间设计

497_ **双电视主墙背后也是电视主墙**。主卧床边的墙与拉门区隔另一张床，床尾墙面也设计为双电视主墙供两人使用，同时也兼具衣柜、收纳功能，所以有相当厚度，墙后为客厅的电视主墙。设计了间接照明的天花板，协助定义卧床的区域，使睡眠更为安稳。左方开口看出去则为玄关鞋柜与屏风。
图片提供 © 近境制作

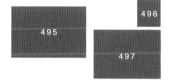

台湾设计师不传的私房秘技 ── 隔断活用设计 500

498_主题点缀化解回廊冗赘感。 许多人担心走道会形成空间浪费，但比如通过镜面与柜墙的设置能使玄关区非常明确。再配上拼花瓷砖带出乡村风，又辅以天花线板做上下造型呼应，反而突显大气，而不再单调、冗赘。
图片提供 © Easy Deco 艺珂设计

499_黑白色彩与线条转移焦点。 为了避免橱柜与更衣室的门片等功能性的配置，在卧房中形成繁琐画面及压力感，设计师将衣橱门采用黑色玻璃材质的无把手设计，而更衣室门则隐藏于电视墙面的几何线条中，将门片隐于无形，让画面仅留黑白色彩的简约对话。
图片提供 © 怀特室内设计

500_简化天顶使空间聚焦。以电视墙作为中心线，将客厅区隔成国外常见的双动线住家格局，形成回廊及客厅区，并选择壁炉作为装饰，营造风格个性。因立面元素已十分丰富，因此简化天顶背景，用大地色系地板呼应空间内部的配置，带出悠闲的乡村住家风味。

图片提供 © Easy Deco 艺珂设计

著作权合同登记号：图字13-2012-005

本书经台湾城邦文化事业股份有限公司麦浩斯出版事业部授权出版。未经书面授权，本书图文不得以任何形式复制、转载。本书限在中华人民共和国境内销售。

图书在版编目（CIP）数据

隔断活用设计500/台湾麦浩斯《漂亮家居》编辑部编—福州：福建科学技术出版社，2013.3
ISBN 978-7-5335-4220-7

Ⅰ.①隔… Ⅱ.①台… Ⅲ.①住宅-隔墙-室内装饰设计-图集 Ⅳ.①TU241-64

中国版本图书馆CIP数据核字(2013)第003959号

书　　名	隔断活用设计500
编　　者	台湾麦浩斯《漂亮家居》编辑部
出版发行	海峡出版发行集团
	福建科学技术出版社
社　　址	福州市东水路76号（邮编350001）
网　　址	www.fjstp.com
经　　销	福建新华发行（集团）有限责任公司
排　　版	福建科学技术出版社排版室
印　　刷	福州德安彩色印刷有限公司
开　　本	889毫米×1194毫米　1/24
印　　张	12.5
图　　文	300码
版　　次	2013年3月第1版
印　　次	2013年3月第1次印刷
书　　号	ISBN 978-7-5335-4220-7
定　　价	59.80元